신의진의 아이심리백과

신의진의
아이심리백과

5~6세 부모가 꼭 알아야 할 아이 성장에 관한 모든 것

5~6세편

신의진 지음

30만 부 기념 에디션을 펴내며

어느덧 소아 정신과 의사로 일해 온 지 25년이 되었습니다. 그동안 수십만 명에 이르는 부모와 아이를 만나 상담을 하고, 치료를 해 오면서 언제나 제 바람은 하나였습니다. 세상의 모든 부모와 아이가 건강하게 살아가는 것. 하지만 시간이 갈수록 문제 있는 부모와 아이가 줄어들기는커녕 더 늘어만 갔습니다. 특히나 아이의 마음이 많이 아픈데도 그걸 알아차리기보다 똑똑한 아이 만들기에만 열을 올리는 부모들을 보면 화가 났습니다. 그래서 초보 의사 시절에는 진료실을 찾은 부모들을 많이 혼냈습니다. 더 이상 아이를 망치지 말라고, 어느 만큼 아이를 망가뜨려야 정신을 차리겠느냐고 목소리를 높이기도 했습니다.

하지만 부모가 되어 틱 장애를 앓는 큰아들과 아픈 형 옆에서 관심을 갈구하며 자꾸만 엇나가는 작은아들을 키우면서 비로소 알게 되었습니다. 내가 혼냈던 부모들 또한 아이를 잘 키우고 싶었지만 그 방법을 잘 몰라 헤매는 초보 엄마 아빠였을 뿐이라는 사실을 말입니다. 그들이 진료실에서 울음을 터트릴 때 그들의 아픔에 공감해 줬어야 했는데, 그러지 못했다는 것을 말입니다. 어느 순간 몹시 부끄러웠습니다. 그래서 사죄하는 마음으로 쓰기 시작한 책이 바로 《신의진의 아이심리백과》입니다. 방대한 육아 지식을 한 권의 책에 모두 담을 수는 없지만 필요할 때마다 얼른 꺼내어 참고할 수 있고, 유용하게 써먹을 수 있는 책이 되길 바랐습니다. 그래서 0~2세, 3~4세, 5~6세 등 연령별로 나누어 부모들이 가장 궁금해하는 질문들을 받아, 두 아이를 키운 부모로서의 경험과 소아 정신과 의사로서 환자들을 치료하며 얻은 실전 노하우들을 토대로 최대한 그 질문들에 꼼꼼히 답하고자 노력했습니다.

당시만 해도 책이 이렇게까지 오랫동안 독자들에게 읽히고 사랑받을 거라고는 짐작도 못 했습니다. 생각지 못한 곳에서 책을 읽은 독자를 만나면 반가우면서도 책의 영향력에 대해 새삼 깨닫게 되었고, 책이 도움이 되었다는 피드백을 들으면 진심으로 감사했습니다. 하지만 어느 순간부터는 '과연 좋은 평가를 받을 만한 책인가' 하고 자꾸만 스스로를 돌아보게 되었던 것도 사실입니다. 그래서 이번에 30만 부 기념 에디션을 만들면서는 바뀐 육아 환경에 따라 부모들이 가장 궁금해하는 베스트 질문을 다시 뽑고, 2020년 육아 트렌드에 맞추어 몇 가지 내용을 삭제하거나 추가했습니다. 마지막으로 아이의 정신 건강을 자가 진단해 볼 수 있는 '연령별 부모들이 절대 놓치면 안 되는 아이의 위험 신호'를 새롭게 추가했습니다.

물론 이 한 권의 책이 초보 엄마 아빠의 불안과 조급함을 완전히 없애 줄 것이라고는 생각하지 않습니다. 그러기엔 부모들의 마음을 파고드는 불안과 조급함의 늪이 얼마나 깊고 무서운지 저 또한 잘 알고 있기 때문입니다. 내 얘기는 아닐 거라고 단정하지는 마십시오. 아이를 사랑한다면서 결국은 암기 괴물을 천재라고 칭찬하는 부모, 아이가 기대만큼 쫓아오지 못하는 것을 견디지 못하는 아빠, 자꾸만 옆집 아이랑 비교하며 아이에게 스트레스를 주는 엄마가 되는 것은 한순간입니다.

고백하건대 저 또한 겉으로는 안 그런 척했지만 완벽한 부모를 꿈꾸었고, 그에 맞춰 아이들도 완벽하기를 바랐습니다. 그래서 늘 스스로를 채찍질했고 왜 그걸 못하느냐며 아이들을 보챘습니다. 하지만 그럴수록 모든 것이 힘들게만 느껴졌습니다. 그런데 어느 순간 완벽해지기를 포기하자 마음의 여유가 생기고 아이들에 대한 욕심도 조금은 내려놓을 수 있었습니다. 완벽하지 않아도 충분히 아이들을 사랑해 줄 수 있다는 사실도, 완벽하지 않은 내 아이들이 주는 온전한 행복이 무엇인지도 알게 되었습니다. 그래서 후회를 잘 하지 않는 성격임에도 '좀 더 일찍 완벽주의를 내려놓고 불안과 조급함의 늪에서 빠져나왔더라면 더 좋았을 텐데' 하는 후회는 듭니다. 스스로를 채찍질하고, 아이들을 다그칠 시간에 좀 더 아이들을 껴안고 마음껏 사랑해 주지 못한 것이 아쉬움으로 남는 것입니다.

  저는 이 책을 읽는 초보 엄마 아빠가 저와 같은 후회를 하지 않기를 진심으로 바랍니다. 아이가 바라는 것은 완벽하고 훌륭하게 자신을 돌보는 부모가 아니라 언제든 자신과 눈 마주치고, 자신의 말을 잘 들어주며, 자신에게 마음껏 사랑을 전하는 부모입니다. 그러니 그 어떤 순간에도 너무 잘하려고 애쓰지 마세요. 너무 부족한 부모라며 스스로를 괴롭히지 말고, 최대한 아이와 함께하는 시간을 즐기세요. 책을 읽고 100퍼센트 그대로 해 주려고 마음먹었다면 그 마음부터 버리세요. 책에 나온 내용 중 60~70퍼센트만 따르려고 애써도 당신은 이미 충분히 잘하고 있는 겁니다. 마지막으로 저는 당신이 세상에서 가장 아끼는 사람이 아이가 아니라 당신 자신이기를 바랍니다. 행복하고 건강한 아이를 만드는 건 결국 행복한 부모니까요.

2020년 6월
신의진

5~6년 차 부모들에게

아이가 다섯 살이 넘으면 부모는 만세를 부릅니다. 대부분 아이가 어린이집이나 유치원에 가면서 비로소 해방감을 맛보게 되는 것이지요. 그런데 육체적으로는 편해질지언정 마음은 편하지 않습니다. 바로 교육 문제 때문입니다. 그래서 많은 부모들이 아이가 유치원에 간 사이 웹 사이트를 들락거리며 육아 정보를 찾곤 합니다.

평소 아이를 느리게 키워야 한다고 이야기하던 저였지만, 막상 제 아이를 키울 때만큼은 조기교육의 유혹을 떨쳐 버리기 힘들었습니다. 큰아이 경모는 새로운 상황에 적응이 힘든 아이니까 세상과 교류하는 법만 알려 주면 된다고 생각하면서도 또래 아이들과 비교하면 불안해졌습니다. 그래서 극도의 거부 반응을 보이는 아이에게 이런저런 교육을 시키곤 했습니다.

둘째 정모는 영재 판정을 받았을 정도로 모든 면에서 뛰어나 하나를 가르치면 열을 깨쳤습니다. 그러다 보니 '이것도 한번 가르쳐 봐?' 하는 욕심이 계속 들더군요. 그런데 이것은 정말 저의 욕심이었습니다. 아이가 잘 따라온다는 생각은 저만의 착각이었을 뿐, 실제 아이는 큰 부담감을 느끼고 있던 것입니다. 못하면 안 된다는 부담감, 엄마가 시키는 것은 잘해야 한다는 부담감 말이지요. 급기야는 시험에 대한 부담감에 거짓말까지 하게 되었고요. 그 순간 저는 제가 얼마나 부질없는 것에 집착하고 있는지 뼈저리게 깨달았습니다.

이 시기의 아이들은 정말 머리가 좋습니다. 감정을 이성적으로 조절할 줄도 알고, 지능이 발달해서 학습도 가능해집니다. 그래서 대부분의 부모들이 당연한 듯 아이 교육에 매달리는데, 이때 중요한 학습은 영어 한 마디 더 하고, 글씨 잘 쓰고, 덧셈 뺄셈 잘하는 것이 아닙니다. 감정 조절력, 충동 조절력, 집중력, 공감 능력, 도덕성, 사회성, 새로운 지식에 대한 호기심 등 앞으로 세상을 살아가는 데 필요한 기반을 바로 이때 잡아 줘야 합니다.

이런 것들은 앉아서 배울 수 있는 것이 아닙니다. 또래 아이들과 놀이를 통해, 부모와의 교감을 통해, 보다 다양한 상황을 실제로 보고 겪으며 자연스럽게 깨치는 것이지요. 그러니 제발 아이에게 학습을 시키려 하지 말고, 아이 손을 잡고 밖으로 나가 넓은 세상을 보여 주세요. 공부는 앞으로 지겹게 하게 됩니다. 반면 부모의 체온을 느끼며 함께하는 순간, 친구와 깔깔거리며 노는 순간은 평생 다시 오지 않습니다. 아이와 하루하루 행복하게 지내는 것이 결국 최고의 공부라는 점을 잊지 마세요.

이제 큰아이 경모와 둘째 아이 정모는 모두 대학에 들어가 자신의 꿈을 펼쳐 나가고 있습니다. 두 아이를 키우는 동안 가장 저를 힘들게 했던 것과 진료실에 찾아온 부모들의 수많은 물음을 떠올리며 그에 대한 답을 풀어 놓았습니다. 그리고 수십 년간 연구해 온 발달학 이론과 저의 임상 체험, 두 아이를 키운 엄마로서의 경험을 담았습니다.

아이는 6세까지 자아의 70퍼센트가 완성된다고 합니다. 그 말은 곧 인생을 살아가는 기반의 70퍼센트가 바로 이 시기에 완성된다는 의미이기도 합니다. 그런 의미에서 아이를 키우는 부모들에게 이 책이 지금 당장이 아닌, 아이의 20년 뒤를 위한 것이었으면 좋겠습니다.

Contents

5~6세(49~72개월)

5~6세 부모들이 절대 놓치면 안 되는
아이의 위험 신호 5

5~6세
부모들이
가장 궁금해하는
베스트 질문 20

유치원에 안 가려고 해요

직장 문제로, 혹은 독립심을 키워 주려고 아이가 아주 어릴 때 유치원에 보내려고 하는 경우가 있습니다. 그러나 아이를 어린이집이나 유치원에 보내는 것이 쉬운 일은 아닙니다. 남들도 다 겪는 일이려니 해도 아이가 매일 안 가겠다고 울거나 발버둥을 치면 엄마도 지치게 마련이지요.

유치원에 가기 적절한 시기와 적응 정도는 아이의 발달에 따라 다릅니다. 어떤 아이는 아주 어릴 때부터 쉽게 친구들과 사귀고 선생님을 잘 따르는 반면, 또 어떤 아이는 다 커서도 울며불며 안 가겠다고 떼를 쓰기도 합니다. 아이마다 편차가 있지만 대개 36개월 정도가 되면 부모와 떨어져 유치원에 갈 수 있습니다. 그 이전의 아이가 부모와 떨어지기 싫어 우는 것은 너무나 당연한 현상입니다. 또한 남자아이의 경우 발달이 좀 늦을 수 있어서 부모와 떨어지는 데에 1년 정도 더 걸리기도 하지만, 이 역시 정상 범주에 속하는 현상입니다.

아이가 지나칠 정도로 엄마와 떨어지지 않으려 한다면

세 돌이 지났는데도 아이가 유치원에 가기 싫어한다면 다른 원인이 있는지 살펴볼 필요가 있습니다. 우선 분리 불안을 겪는 시기에 문제가 있진 않았는지 생각해 보세요. 이 시기에 부모가 사회성을 기르겠다고 또래와 놀 것을 강요하는 등 자꾸 밖으로 내보내는 경우, 아이의 불안감이 커지게 됩니다. 그러면 아이는 유치원에 가는 것을 엄마와 이별하는 것으로 받아들여 완고하게 가지 않겠다고 버티게 되지요.

이전에 유치원에 갔다가 적응에 실패한 경험이 있다면 이 역시 원인이 될 수 있습니다. 엄마의 욕심에 너무 어릴 때에 다른 사람들과 오랜 시간을 보내야 했고, 적응을 하지 못한 아이는 다시 그런 경험을 하는 일이 두려운 게 당연합니다.

기질상 불안이 많아도 유치원에 가지 않겠다고 할 수 있습니다. 겁 많고 소심한 기질의 아이는 낯선 환경에 적응하는 것을 힘들어합니다.

이 밖에도 아이가 유치원에 가지 않으려고 하는 원인은 여러 가지입니다. 엄마와의 애착 관계나 친구 관계에 문제가 있을 수도 있고, 지능이 떨어져서 유치원 생활에 적응을 못 하는 것일 수도 있습니다. 부모는 내 아이가 어떤 이유로 유치원에 가기 싫어하는지 정확하게 파악하여 그것부터 해결해 주어야 합니다.

보내지 않는 것도 방법입니다

발달학적 측면에서 보면, 꼭 유치원에 보내야만 아이에게 좋은 것은 아닙니다. 특히 불안이 많은 아이들은 부모가 집에서 잘 데리고 있다가 바로 학교에 보내는 게 오히려 더 좋을 수도 있습니다. 아이가 준비되지 않았는데 억지로 보냈다가 계속 적응에 실패해 좋지 않은 기억이 쌓이면 나중에 학교도 가기 싫어하게 됩니다. 어릴 때 실패 경험을 많이 하는 것보다는 좋은 경험을 바탕으로 자신감을 갖는 것이 더 중요합니다.

아이를 유치원에 보내기 위해서는 부모와 떨어져 지내는 시간을 점차 늘리면서 유치원에 적응할 수 있도록 준비를 시켜야 합니다. 우선은 아이와 함께 놀이터나 다른 부모의 집에 가는 등 또래 아이들과 어울릴 시간을 만들어 주도록 하세요. 처음에 아이는 엄마나 아빠가 자기 옆에 있는지 수시로 확인을 하겠지만, 그때마다 옆에 있다는 것을 확인시켜 주면 조금씩 부모에게서 독립을 하게 됩니다.

유치원에 보내기 시작하면 처음엔 함께 가서 옆에 있어 주는 게 좋습니다. 1~2주 정도 아이가 적응하는 것을 지켜보면서 자연스럽게 아이 혼자서 놀 수 있도록 유도하세요. 아이에게 적응이 어려울 만한 특성이 있다면 선생님에게 미리 설명하고 세심한 배려를 부탁하는 것도 좋은 방법입니다. 이렇게 한 달 정도의 시간을 보낸 후, 아이가 적응할 수 있으면 보내되 아이가 힘들어하면 무리해서 보내지 않는 게 좋습니다. 적응 기간은 최대 한 달을 넘기지 않도록 하고 적응을 못할 경우에는 좀 쉬었다가 다음 기회에 다시 시도

해 보세요.

형제가 있는 경우 큰아이가 잘 적응했다고 해서 둘째도 꼭 잘 적응하는 건 아니니 비교하지 않아야 합니다. 형제라 하더라도 저마다의 기질을 가지고 있다는 것을 잊어선 안 됩니다.

아이와의 주도권 쟁탈전, 꼭 승리해야 하나요?

이전 시기에 비해 자기주장이 강해진 아이들은 뭐든 자기 뜻대로 하려고 합니다. 추운 겨울에 치마를 입고 나가겠다고 하고, 이가 썩어 치과에 다니는데도 사탕을 먹으려 합니다. 또한 이 시기에 학습이 시작되면서 뭔가를 가르치고자 하는 부모와 하기 싫어 이리 빼고 저리 빼는 아이 사이에 신경전도 벌어집니다. '주도권 쟁탈전'이라는 표현이 있을 정도로 부모와 아이 사이의 실랑이는 서로에게 힘든 일입니다.

▎타협을 통해 부모의 뜻을 관철하세요

아이와 의견 대립이 있을 때 많은 엄마들이 '주도권 쟁탈전에서 승리해야 아이에게 밀리지 않는다'는 생각에 끝까지 아이의 의견을 꺾으려 하는 경우가 있습니다. 아이와의 관계에 있어서는 아이가 어리기 때문에 엄마가 지는 것이 맞습니다. 그렇다고 무조건 아이 의견에 따라 가라는 것은 아닙니다. 아이랑 대놓고 고무줄 싸움하듯이 밀고 당기기를 하지 말고 간접적으로 아이의 행동을 조절할 수 있어야 합니다.

아무래도 엄마가 어른이기 때문에 엄마의 판단이 옳은 경우가 많습니다. 아이가 엄마의 가치관과 상반되는 주장을 할 때에는 "네가 그렇게 하고 싶은 이유가 있는 거니?", "그래. 한번 해 봐라" 하는 식으로 타협을 해서 엄마의 뜻을 관철시켜야 합니다.

예를 들어 아이가 한겨울에 치마를 입고 밖에 나가려고 하면 일단 아이의 요구를 들어주세요. 옷에 대한 선택권 정도는 아이에게 주어야 합니다. 대신 치마만 입고 나가면 추워서 감기에 걸릴 수 있으니 치마 안에 바지를 입도록 하는 것입니다.

이가 썩는대도 사탕을 계속 먹으려 할 때는 사탕 먹고 바로 양치하는 규칙을 정하는 것도 좋은 방법입니다. 그러면 이가 썩을 염려도 없고 아이도 자신이 원하는 사탕을 먹을 수 있어 좋지요. 보통 이렇게 하면 양치하는 게 귀찮아서 나중에는 사탕을 덜 먹게 됩니다.

당연히 지켜야 할 것들에 대해 아이가 잘못된 행동을 할 때마다 "하지 마", "그건 아니야", "왜 그렇게 했니" 하며 면박을 주면 아이는 화가 나서 부모의 말을 더 안 듣게 됩니다. 아이와 의견 대립이 있을 때는 힘들고 시간이 오래 걸리더라도 타협을 통해 부모의 가치관을 전달하는 방법을 써야 합니다.

엄마를 이기기 위해 싸움을 거는 아이는 없습니다

때로는 아이가 일부러 엄마를 시험하기 위해 싸움을 거는 것 같다는 이야기들도 하는데, 이는 옳지 않은 생각입니다. 모든 아이들은 엄마에게 사랑받고 인정받고 싶어 하는 본능을 가지고 있습니다. 어느 한순간 엄마의 사랑을 잃을지도 모른다는 것이 아이들의 가장 큰 두려움이지요.

그렇기 때문에 잘 자란 아이들은 일부러 엄마를 시험하기 위해, 엄마와 기 싸움을 하기 위해 자기주장을 하지 않습니다. 엄마와 사이가 좋지 않은 아이들이 자신의 화를 표현하기 위해 반항을 하는 것이지요. 아이와 의견 대립으로 무척 힘들다면 아이와의 관계를 되돌아보아야 합니다.

아이의 모든 행동에는 이유가 있습니다. 엄마가 보기에는 엄마 말을 안 듣는 미운 행동처럼 보이지만 아이는 나름대로 이유가 있습니다. 엄마가 모를 뿐이지요. 아이가 왜 그런 행동을 하는지 이유를 찾아보고, 아이의 마음을 헤아리면서 타협을 통해 아이를 이끌어 주세요. 그렇게 노력하다 보면 주도권 쟁탈전에 대한 고민도 자연스레 줄어들 것입니다.

아이가 산만하고
집중력이 없어요

다른 사람의 눈살을 찌푸리게 할 만큼 산만하게 행동하는 아이들이 있습니다. 한 가지 일에 집중하는 시간도 짧고 계단 같은 위험한 곳에서 장난을 치는 것은 물론, 언제 차도로 뛰어갈지 몰라 부모의 마음은 늘 노심초사입니다. 앉혀 놓고 대화를 해 보려고 해도 도통 얌전히 있지를 않으니 어떻게 해야 할지 부모는 난감할 따름이지요.

전문의의 도움을 받는 것도 방법입니다

아이들은 본디 어른보다 집중 시간이 짧고 움직이는 양이 많습니다. 그렇기 때문에 아이가 산만하다고 해서 병인지 아닌지를 함부로 단정할 수는 없습니다. 다른 아이들보다 정도가 심해 일상생활이 어렵고, 부모가 아이를 다루기가 너무 어렵다면 전문의에게 정확한 진단을 받는 것이 좋습니다.

이때 아이의 산만함이 발달 과정에서 있을 수 있는 정상적인 정도가 아니라면 ADHD(주의력결핍 과잉행동장애)일 가능성도 있습니다. 별다른 환경적인 이유가 없는데도 어릴 때부터 참을성이 없고 한자리에 가만히 있지 못한다면 한 번쯤 ADHD를 의심해 볼 필요가 있습니다. ADHD일 경우 아이를 그대로 두면 또래 아이들과의 관계도 나빠지고 학습 능력도 떨어질 가능성이 큽니다. 또한 부정적인 자아상이 형성되어 또 다른 정서적 문제로 이어질 수도 있습니다. 따라서 ADHD로 의심된다면 빨리 진단을 받아야 합니다.

정서적인 불안이 아이를 산만하게 만듭니다

ADHD는 아니더라도 집중력이 약하고 정서적으로 불안을 가진 아이도 있습니다. 바로 '불안 장애'에 해당하는 아이들입니다. 이 경우 심리적 불안으로 인해 손톱을 물어뜯거나, 손을 한시도 가만히 두지 못하고, 주변을 계속 두리번거리는 등 누가 봐도 불안한 행동을 보입니다. 얼핏 봐서는 ADHD와 증상이 비슷해 부모가 판단하기는 쉽지 않으므로 전문의와의 상담이 필요합니다.

이런 아이에게 가장 시급한 처방은 마음을 편히 가질 수 있도록 환경을 변화시켜 주는 것입니다. 만일 아이의 산만한 행동이 전문의의 도움이 필요할 만큼 심각하지 않다면, 아이가 규칙적이고 안정적인 생활을 할 수 있게끔 서서히 이끌어 주세요. 아이에게 무언가를 시킬 때 처음부터 오랜 시간을 집중하게 하기보다는 10분, 20분씩 시간을 늘리면서 하는 일에 집중할 수 있도록 옆에서 도와주세요.

또 아이가 산만하여 실수를 하게 되더라도 작은 것은 그냥 모른 척 넘어가고, 큰 실수에도 야단치기보다 방법을 알려 주는 것이 바람직합니다. 그래야 부모에 대한 신뢰가 쌓이고, 이를 바탕으로 아이의 행동을 변화시킬 수 있으니까요. 야단을 치는 대신 아이와 함께 실수를 한 이유를 생각해 보고 앞으로 실수하지 않기 위해서 어떻게 해야 하는지 함께 고민해 보세요.

아이가 제대로 하지 못한다고 해서 이것저것 너무 많은 것을 한꺼번에 지시하고 명령하면 아이는 더 많은 실수를 하게 됩니다. 집중력이 없어 한꺼번에 여러 일을 처리하기가 힘드니 한 번에 한 가지씩만 시키는 것이 좋습니다.

무엇보다 부모 스스로 아이의 산만한 행동은 고의적인 것이 아니라는 사실을 기억하고 아이가 클수록 좋아질 거라는 긍정적인 마인드를 잃지 않는 것이 중요합니다.

성교육은 언제, 어떻게 시켜야 하나요?

[Question 04]

식욕과 마찬가지로 성욕은 인간의 기본적인 욕구입니다. 기존 연구 결과에 따르면 인간은 아주 어릴 때부터 성적 쾌감을 느낄 수 있다고 합니다. 남녀 아기 모두 기저귀를 갈거나 목욕을 시키면서 성기 부분을 건드리면 쾌감을 느끼고, 어느 정도 크면 자신의 성기를 만지거나 보면서 놀기도 합니다. 그러다 5~6세가 되면 성적인 욕구를 밖으로 표출하게 됩니다. 성기를 노출하면서 돌아다니거나 성에 관련된 질문을 많이 하는 것이 대표적인 사례이지요.

아이들이 이런 모습을 보일 때 야단을 치거나 강압적으로 못하게 하면 성인이 되어서 행복한 성생활을 하는 데 어려움을 겪을 수 있으므로 주의해야 합니다. 5~6세 아이들의 성적인 호기심과 행동은 초등학교에 가면 급격히 줄어들게 되므로 크게 걱정하지 않으셔도 됩니다. 초등학생이 되면 이성으로 자신의 본능을 억제할 수 있을 정도로 지능이 발달하고, 학교에 가면 재미있는 일들이 더 많아지기 때문이지요.

가정에서 성에 대한 좋은 느낌을 갖게 해 주세요

성교육은 아이들이 넘치는 성적인 본능으로 문제를 일으키기 전에 하는 것이 좋습니다. 아이들이 성에 대해 질문을 하고 성적인 놀이를 할 때가 적기라고 할 수 있습니다. 이 시기 아이들은 아직 자기중심적으로 생각을 하고 있고, 성에 대해서도 다양한 공상을 하고 있어 성적인 지식을 직접 가르치는 것은 무리입니다. 복잡한 성 지식을 가르치기보다는 성에 대해 좋은 느낌을 전달하는 쪽에 초점을 맞추는 것이 좋습니다.

가장 좋은 방법은 가정에서 부모의 태도를 통해 자연스럽게 성 역할과 일반적인 성 지식을 알아가게 하는 것입니다. 부모가 서로 사랑하며 스킨십을 하는 것을 보고 자란 아이들은 성에 대해 좋은 느낌을 갖게 됩니다. 반면 부모가 사랑 없이 서로를 대하는 모습을 본 아이들은 성에 대해서도 사랑과는 별개라는 생각을 하기 쉽습니다.

아이들이 성에 대해 난처한 질문을 할 때는 당황한 모습을 보이며 얼버무리지 말고 아이가 알고 싶어 하는 마음에 관심을 갖고 성의껏 대답해 주어야 합니다. 예를 들어 아이가 "아기는 어떻게 만들어져?"라는 질문을 했을 때는 "엄마 아빠 몸에는 아기를 만드는 아기 씨가 있어. 그 아기 씨끼리 만나면 아기가 만들어진단다" 하는 정도로 이야기해 주는 것이 좋습니다. 더불어 "너도 아기 씨 생기는 곳을 소중히 다루어야 한단다"라고 말해 주면 올바른 성 관념을 형성하는 데 도움이 됩니다.

당황하지 말고 부드러운 목소리로 타이르세요

성에 대해 관심이 많아진 아이들은 질문뿐 아니라 행동을 통해서도 성적인 욕구를 표출하게 됩니다. 친구와 엄마 아빠 놀이를 하면서 신체접촉을 한다거나, 이성 친구의 성기를 만지기도 하고, 텔레비전에서 본 키스 장면을 따라 하기도 합니다. 이때 역시 당황하지 말고 무심한 척 타이르는 것이 좋습니다. "옷을 벗고 병원 놀이를 하고 싶을 때는 인형으로 대신하는 것이 좋아"라고 간접적으로 이야기하는 것이지요.

이 시기의 아이들은 때때로 자위행위를 하기도 합니다. 아이가 자위행위를 하는 모습을 본 부모는 무척 당황하지만 이 또한 성적 발달 측면에서 보면 자연스러운 행동입니다. 큰소리로 야단치거나 놀라는 모습을 보이지 말고 부드러운 목소리로 적절한 행동지침을 알려 주는 것이 좋습니다. 단, 자위행위가 지나치다면 주위에 재미있는 자극이 부족하거나 심리적인 불안 요인이 많아서일 수 있으므로 아이의 양육 환경을 전반적으로 점검해 봐야 합니다. 아이들에게 성적인 쾌감보다 더 재미있는 자극을 찾아 주고 긴장을 유발하는 갈등을 없애 주면 자위행위에 대한 집착이 줄어들게 됩니다.

책 읽는 것을 너무 지루해해요

[Question 05]

아이가 5~6세가 되면 육아의 주된 관심이 양육에서 교육으로 넘어가게 됩니다. 어려서부터 책 읽는 습관을 들여야 공부도 잘하게 된다는 생각에 책 읽기에 집중하고, 하루라도 빨리 한글을 떼어서 혼자 책을 읽게 하고 싶어 하는 부모님들이 많습니다. 아이들이 부모의 요구에 맞게 책을 잘 읽으면 좋지만 그렇지 않을 경우 책 읽기는 또 하나의 고민거리가 되어 버립니다.

과잉 조기 학습이 이유일 수 있습니다

아이들이 책을 싫어하는 이유는 여러 가지가 있습니다. 첫째 너무 어릴 때부터 아이가 받아들일 준비가 되지 않았는데 무리하게 책을 읽어 주어서 책 읽는 것 자체를 싫어하게 되는 경우입니다. 과잉 조기 학습의 결과라 할 수 있지요. 또한 학습지에 학원 등 사교육에 바쁜 아이들은 조용히 책을 읽을 시간이 없어서 책과 멀어지기도 합니다. 이때는 책을 읽을 수 있는 시간을 확보하고 아이가 좋아하는 주제의 아주 쉬운 책부터 시작하면 책을 좋아하게 할 수 있습니다.

두 번째는 ADHD 성향을 가진 아이들의 경우입니다. 이 아이들은 뭐든 몸으로 경험하고, 몸으로 표현하려 하기 때문에 책을 잘 읽지 않습니다. 세 번째는 지능이 떨어지는 아이들입니다. 지능이 떨어지는 아이들은 사고력도 떨어지기 때문에 책을 읽고 생각하는 데 재미를 느끼지 못하게 됩니다. 그러니 책 읽기를 싫어할 수밖에 없지요.

네 번째, 정서적으로 문제가 있는 아이들이 책 읽기를 싫어합니다. 애착 형성에 문제가 있는 아이들은 추상적 사고력이 발달하지 못합니다. 외우는 것은 잘해도 생각을 못하는 아이들이지요. 아이들은 태어나서 주 양육자와 애착을 형성하고 다른 사람들과 접하게 되면서 상상력과 사고력을 발달시키는데, 애착 형성에 문제가 있으면 머리가 좋아도 마음이 즐겁지 못해 상상력과 사고력이 발달하지 않습니다. 어른들의 경우 머리는 좋아서 일은 잘하지만 성격은 차갑고 늘 혼자 있는 사람들을 예로 들 수 있습니다. 이런 사람들은 책을 잘 읽지 않습니다. 책을 읽는 활동은 지극히 추상적인 것이기 때문에 상상력도 있고 사고력도 있어야 책 읽기를 즐기게 됩니다.

애착 형성에 문제가 있는 아이들의 놀이를 살펴보면 상당히 단순합니다. 숫자를 세거나 바퀴를 굴리고 블록을 쌓는 등 단순한 놀이를 반복합니다. 이런 아이들은 책을 봐도 내용은 안 보고 글자만 보는 경우가 많아요. 이런 아이들은 아이들마다 원인이 다르고 처방도 다르기 때문에 적극적인 치료가 필요합니다.

요즘 디지털 기기와 많은 시간을 보내는 아이들 역시 비슷한 유형의 문제를 보입니다. 사람 대신 기기와 소통을 많이 하게 되면 사회성과 공감의 뇌가 충분히 자극을 못 받기 때문에 애착 장애 아이들과 유사한 문제를 보이는 것이 아닌가 추측됩니다.

마지막으로 부모님의 과도한 기대가 아이를 책으로부터 멀어지게 할 수 있습니다. 아이들은 위에서 열거한 문제만 없으면 대부분 책을 보게 됩니다. 아이들 관심사에 맞는 책을 읽어 주면 아주 좋아하지요. 그런데 아이의 수준을 높인다고 글자가 많은 책을 보게 하거나 '우리 아이는 1000권을 읽었네, 2000권을 읽었네' 하고 부모가 권수에 집착하는 모습을 보이면 아이들은 부담감을 갖게 됩니다.

보통 초등학교 1~2학년까지는 그림이 있는 책을 좋아하는데 "우리 애는 그림이 없는 책은 보지 않아요" 하고 고민하는 것은 부모에게 문제가 있어서입니다. 그림 없이 책을 읽을 수 있는 추상적 사고력은 10세 이후에 발달하게 됩니다. 그 전까지는 그림을 보고 이야기를 들으며 상상의 나래를 펴는 것이지요. 부모의 기대치가 너무 높으면 아이의 능력은 정상인데 잘못되었다고 판단할 수 있으므로 주의해야 합니다.

어떻게 하면 창의력이 높아질까요?

[Question 06]

언젠가부터 창의력이 사회적 화두가 되었습니다. 기업에서도 저마다 창의적 인재를 뽑겠다고 하고, 창의력이 높은 사람들이 성공한다는 연구 결과도 나오고 있지요. 이에 따라 자녀교육에 있어서도 창의력을 높이는 방법에 관심이 많아져, 조기교육을 시키지 않는 부모들도 창의력이나 사고력을 키워 준다는 교육은 하는 경우가 많습니다. 하지만 안타깝게도 창의력은 어떤 교육을 통해 키울 수 있는 것이 아닙니다. 창의력을 키우기 위해 교육을 하는 그 순간 창의력이 떨어지기 시작한다고 해도 과언이 아닙니다.

▌창의력은 교육을 통해 키워지지 않습니다

창의력이라는 것은 같은 사물이라도 다른 사람들과 다르게 새로운 시각으로 보는 능력을 말합니다. 관행에 동조하지 않고 참신한 생각과 행동을 많이 하는 사람들을 창의력이 높다고 말하지요.

이런 사람들은 새롭고 복잡한 문제를 좋아하고, 정열적이고 모험심과 독립심이 강하며 호기심이 많은 것이 특징입니다. 창의력이 높은 사람들의 특징을 살펴보면 창의력이 과연 교육을 통해 키울 수 있는 것인지 의문이 듭니다. 창의력을 키우기 위해서는 틀이라는 것 자체가 없어야 되는데 교육이라는 것은 정해진 틀을 가지고 아이들을 가르치는 것이거든요.

모든 아이들에게는 창의력이 있습니다. 때때로 어른들이 생각하지도 못하는 재미있는 말을 하고, 기발한 행동들을 하는 것을 보면 아이들의 창의력은 어른보다 뛰어나다 할 수 있습니다. 문제는 교육을 한다며 오히려 창의력을 죽이는 것입니다.

본래 타고난 창의력을 죽이지만 않으면 자연스럽게 발현되게 되지요. 창의력은 자기가 하고 싶은 일을 할 때 최고로 발휘됩니다. 아이들 역시 아이들이 하고 싶은 것을 하게 하면 창의력이 커집니다.

저는 아이들이 어렸을 때 연세대학교 내 어린이생활지도연구원이라는 곳에 보냈는데, 지금 생각해 보면 그곳에서 아이들의 창의력이 많이 자란 것 같습니다. 그곳에서는 아이들의 오감을 자극할 수 있는 모든 놀이감을 펼쳐 놓고 아이들이 원하는 것을 직접 선택해서 놀게 했어요. 식물을 좋아하는 아이는 마당에서 꽃을 키웠고, 흙을 좋아하는 아이는 흙장난을 하면서 놀고요. 또 친구들이 하는 놀이를 보며 따라 하기도 하고, 자기가 놀 때 친구들을 불러오기도 하고요. 이렇게 아이가 다양한 것을 접할 수 있는 환경에서 좋아하는 것을 하게 하는 것이 창의력을 키우는 최고의 방법입니다.

▌정형화된 인지 교육이 늦을수록 창의력이 커져요

정모가 세 돌이 조금 안 되었을 때의 이야기입니다. 미국에 살 때인데 정모는 〈인어공주〉 비디오를 자주 보았어요. 어느 날 제가 "인어공주를 영어로 뭐라고 하는 줄 아니?"라고 물었어요. 저는 은근히 '머메이드(mermaid)'라는 단어를 익혔기를 기대했는데 잠시 고민하더니 '피시 팬티(fish panty)'라고 하더라고요. 정말 기가 막힌 대답이었지요. 만약 그때 제가 '머메이드'라는 단어를 가르쳤더라면 '피시 팬티'라는 대답이 나오지 않았을 거예요. 아이가 인어공주의 모습을 보고 생각해 낸 '피시 팬티'라는 말이 '머메이드'보다 훨씬 창의적인 대답이라 할 수 있지요. 이런 것을 어떻게 가르치겠습니까. 어렸을 때의 창의력이 잘 보존돼서 그런지 정모는 지금까지도 공부를 잘하고 있어요. 그런 모습을 보면서 엄마로서 아이의 창의력을 죽이지 않고 잘 키웠다는 생각에 뿌듯해집니다.

창의력을 키우기 위해서는 텔레비전이나 컴퓨터 등 자극적인 매체를 접하지 않게 하는 것이 좋고, 될 수 있으면 정형화된 인지 교육을 늦게 하는 것이 좋습니다. 한글을 빨리 뗀 아이들은 책을 읽을 때 글자에만 집중해서, 그림을 보며 상상의 나래를 펼 수 있는 기회를 갖지 못합니다. 비록 글을 읽을 줄 몰라도 그림을 보며 다양한 상상을 할 때 창의력이 커지게 됩니다.

떼쓰는 것이 갈수록 심해져요

[Question 07]

아이를 키우면서 힘들 때 중 하나가 아이가 막무가내로 떼를 쓸 때가 아닐까 싶습니다. 떼는 자기 조절이 안 되는 아이들이 원하는 바를 거절당했을 때 보이는 행동입니다. 보통 '안 돼'라는 말을 이해하는 돌 전후에 시작되어 두 돌 때 정점에 이르고, 세 돌이 지나 감정 조절 능력이 생기면 줄어들기 시작하여 5~6세가 되면 자기 뜻대로 안 되는 상황에서도 떼를 쓰지 않게 됩니다. 그런데 5~6세가 되었는데도 떼가 줄어들지 않고 오히려 더 심해진다면 전문의의 도움을 받아야 합니다.

┃ 떼를 쓰는 것과 자기주장이 강한 것은 엄연히 다릅니다

┃ 이 시기 아이들이 떼를 부리는 이유는 여러 가지입니다. 반항 장애일 수도 있고, 감정 조절이 안 되어 그럴 수도 있고, 애착의 문제일 수도 있고, 지능이 약간 떨어지거나 ADHD인 경우도 있습니다. 부모와 사이가 좋지 않아 충동 및 감정 조절이 안 되고 다른 사람과의 관계에서 적대적인 감정을 갖고 있는 아이들이 자신의 요구가 거절당했을 때 떼를 부리게 되는 것이지요.

보통 집에서는 온갖 난리를 부리며 떼를 쓰다가도 밖에 나가면 얌전해지는 아이들이 많은데, 집이건 밖이건 상관없이 떼를 쓴다면 심각한 문제라 할 수 있습니다. 3~4세 때 떼를 쓰는 것은 부모가 아이의 마음을 읽어 주고 잘 타협을 하면 줄어들지만 이 시기는 전문가의 도움 없이 떼를 없애기가 힘듭니다. 그러므로 '집에서 잘하면 되겠지' 하는 생각을 버리고 전문의를 찾아 원인을 찾고 그에 맞는 치료를 진행해야 합니다.

떼를 쓰는 아이를 보며 자기주장이 강한 아이라고 생각하는 부모들이 많은데 절대 그렇지 않습니다. 자기주장과 떼는 엄연히 다릅니다. 자기 주장이 강한 아이는 환경에 맞춰서 자기가 원하는 것을 이야기하기 때문에 떼를 쓰지 않고도 원하는 것을 얻습니다. 반면 떼쓰는 아이들은 아무데서나 비정상적인 행동으로 자기 뜻을 관철

하려고 합니다. 환경에 융통성 있게 적응하지 못하는 것이지요.

떼쓰는 아이들을 보면 주변에서 "어렸을 때 떼를 쓰면 받아 주던 습관이 굳어져서 그런다", "엄마가 아이를 혼내지 않아서 그런다"는 이야기를 많이 합니다. 그런데 떼는 받아 준다고 늘지 않아요. 어떤 것은 받아 주고, 어떤 것은 받아 주지 않으니 아이들이 화가 나서 떼를 쓰게 되는 것입니다.

원칙 없는 육아가 떼쓰는 아이를 만듭니다

결국 아이들이 떼를 쓰는 것은 어른들이 자기가 원하는 바를 들어주지 않아서 그런 것입니다. 어떤 것은 아이의 주장이 옳을 수도 있는데 그것을 무시할 때 떼가 시작됩니다.

아이가 원하는 바를 들어주는 것과 응석받이로 키우는 것은 분명히 다른 문제입니다. 예를 들어 아이는 너무나 팽이가 갖고 싶은데 엄마는 필요 없다며 아이의 요구를 묵살하고, 아이가 나쁜 말을 할 때는 못하게 해야 하는데 그냥 놔두고, 이러는 것은 원칙이 없는 것입니다. 부모가 훈육해야 할 것, 들어줄 것을 구분하지 못하면 아이가 아주 공격적이 됩니다. 떼를 쓴다는 것은 이런 공격적인 성향의 연장선이라 할 수 있어요. 따라서 원칙을 갖고 아이의 요구가 정당할 때는 들어주고, 그렇지 않을 때는 심하게 떼를 쓰더라도 들어주지 않는 부모의 태도가 중요합니다.

집안일을 도와주었을 때 보상을 해야 할까요?

아이에게 좋은 습관을 들이기 위해 어렸을 때부터 집안일을 돕게 해야 한다고 생각하는 부모들이 많습니다. 큰일은 아니더라도 식사할 때 식탁에 수저를 놓게 한다거나, 현관에 널린 신발을 정리하게 하는 등 가족의 일원으로 집안일을 함께 해야 함을 가르치고 싶은 마음에서 그렇게 하는 것이지요.

그런데 이렇게 좋은 의도로 시작했던 것이 때때로 부모와 아이 사이에 실랑이를 만들곤 합니다. 그래서 부모는 때때로 어떤 보상을 걸고 집안일을 시키기도 합니다. 신발 정리하면 500원, 식탁에 수저를 놓으면 100원 이런 식으로요. 이렇게 돈이나 어떤 물건으로 보상을 해 보신 분들은 알겠지만 크게 효과가 없습니다. 아이가 '돈 안 받고, 집안일 안 할래요' 하고 나오면 도로 아미타불이 되니까요.

객관적인 논리성이 생겨야 보상 훈련 가능

이와 같은 현상은 돈이 아니라 아이가 좋아하는 다른 장난감을 제시해도 마찬가지입니다. 왜냐하면 이 시기는 인지 발달상 보상을 통해 긍정적인 행동을 하게 하기가 힘들기 때문입니다. 보상을 통해 긍정적인 행동을 하게 하려면 아이들에게 '나' 중심이 아니라 나를 둘러싼 상황을 바라보는 인지 능력이 있어야 합니다. 이를 '객관적 논리성'이라 하는데, '내가 이만큼 하면 이런 보상을 받을 것이다' 하는 생각을 할 수 있게 되어야 보상을 바라고 긍정적인 행동을 하게 되는 것이지요.

5~6세는 아직 객관적인 논리성을 갖기 힘든 시기입니다. 이때는 주관적인 논리가 우선하지요. 내가 좋으면 하는 것이고, 내가 싫으면 하지 않습니다. 유치원이나 어린이집에서 선생님들이 보상으로 사탕을 제시할 때 사탕을 먹고 싶으면 선생님이 시키는 대로 하지만 사탕이 먹고 싶지 않으면 자기가 원하는 대로 하는 것도 다 이런 이유 때문입니다.

보상을 통해 긍정적인 행동을 강화하려면 초등학교에 들어간 이후가 좋습니다. 초등학교에 들어갈 때가 되어야 객관적인 논리성이 생겨서 보상을 통한 좋은 습관 들이기가 가능해집니다. 이때 스티커 판을 마련해 아이가 긍정적인 행동을 할 때마다 스티커를 붙여 주면 효과가 좋습니다. 그러면 아이들이 자신이 원하는 것이 있을 때 "집안일을 도울 테니 장난감 사 주세요"라고 먼저 제안을 하게 됩니다.

물질적인 보상보다는 따뜻한 칭찬이 좋아

따라서 이 시기에는 아이들이 집안일을 도와줄 때 구체적인 보상을 제시하기보다는 그냥 "잘했어" "○○가 도와주니 엄마가 너무 좋아" 하고 칭찬을 해 주세요. 아이들은 부모에게 인정받고 싶은 마음이 강하기 때문에 돈이나 물건 같은 보상보다는 부모의 따뜻한 말 한마디에 더 기뻐합니다.

또 이 시기에는 집안일 돕는 것을 그렇게 강조하지 않아도 됩니다. 아이가 하고 싶어서 하면 내버려 두고 하기 싫어하면 굳이 시키지 마세요. 아이가 조금 더 컸을 때 왜 집안일을 나눠서 해야 하는지 이야기해 주고 아이가 동의하면 그때 조금씩 시켜도 늦지 않습니다.

5~6세 남자아이, 여자 목욕탕에 데리고 가면 안 좋은가요?

[Question 09]

아들을 키우는 엄마들이 어쩔 수 없이 아이와 떨어져야 할 때가 바로 목욕탕에 갈 때입니다. 얼마 전까지만 해도 아들과 함께 목욕탕이나 수영장에 갔는데, 5세가 되면 목욕탕 앞에 붙어 있는 '5세 이상 남아의 여탕 출입을 금지합니다'라는 문구가 발목을 잡습니다. '그래 이제 컸으니 따로 목욕해야지' 하는 생각이 들다가도 한편으로는 '아직 어린데 같이 들어가도 되지 않을까?' 하는 마음이 생기기도 합니다.

저는 아들을 키우는 엄마들에게 5세가 넘으면 아이와 따로 목욕탕에 갈 것을 권합니다. 보통 아이들은 세 돌이 넘으면 성 역할을 뚜렷하게 구분할 수 있게 됩니다. 남자와 여자가 어떻게 다른지 구분하게 되고, 내가 여자인지 남자인지 확실히 알게 되지요. 자신의 성 정체성을 확실히 하기 위해 자기와 이성 친구의 몸이 어떻게 다른지 보고 싶어 하고, 성에 대한 질문도 많이 하게 됩니다.

성적 호기심을 자극할 수 있어 좋지 않아요

이 시기에는 유치원이나 어린이집에서 성교육을 많이 받게 됩니다. 남자아이들이 여자아이의 치마를 들춰 보거나, 자기 성기를 만지거나 보여 주는 등의 행동이 나타나는 시기이기 때문이지요. 여자아이들의 경우에도 남자아이들처럼 겉으로 드러나지는 않지만 성에 대한 호기심이 많아지기 때문에 올바른 성교육이 필요합니다.

이 시기 성교육은 주로 남녀 몸의 차이와 자신의 몸을 소중히 해야 한다는 것을 가르칩니다. 아이들이 이해하기 쉽게 수영복을 입는 부분은 소중하기 때문에 남에게 함부로 보여 주거나 남의 것을 보려고 해서는 안 된다는 이야기를 해 주게 됩니다. 이렇게 교육을 받고 온 남자아이를 데리고 여자 목욕탕에 가서 어른들의 벗은 몸을 보게 하면 어떻게 될까요?

지금 한창 '나는 남자이고, 여자의 소중한 곳을 보려 하면 안 된다'는 교육을 받고 있는 중인데 여자 목욕탕에 가게 된다면 가치관에 혼란이 올 수 있습니다. 또한 한창 성에 대한 호기심이 많아지는 시기에 여자의 벗은 몸을 적나라하게 보여 준다면 성적 호기심을 더 자극할 수 있어 좋지 않습니다.

아이가 5세 이전이라도 성에 대해 호기심이 많고, 성에 대한 질문을 많이 한다면 이성 부모와 함께 목욕탕에 가지 않는 것이 좋습니다. 여러 가지 사정으로 아빠가 아들과 함께 목욕탕에 갈 수 없는 상황이라면 차라리 집에서 목욕을 시키는 편이 좋습니다.

아이가 유치원에서 괴롭힘을 당하는 것 같아요

[Question 10]

아이를 유치원에 보낸 부모들은 이래저래 걱정이 많습니다. 아이가 유치원에 적응을 잘 하는지, 친구들과 사이좋게 지내는지 등. 때로는 유치원에 설치된 CCTV를 확인하고 싶어지기도 합니다. 특히 아이가 친구들과 잘 지내지 못하고 괴롭힘을 당하는 것처럼 보이면 걱정이 이만저만이 아닙니다.

유치원에는 정말 다양한 아이들이 모입니다. 다양한 성격과 다양한 습관을 가진 아이들이 모이다 보니 우리 아이와 잘 어울리고 친한 아이가 있는 반면 그렇지 못한 아이들도 있습니다. 유치원의 좋은 점 중 하나는 다양한 아이들이 모여 서로 어울리며 사회성을 키운다는 것입니다. 그런데 아이가 친구들과 어울리지 못하고 괴롭힘을 당하는 것 같다면 주의를 기울여야 합니다.

괴롭힘을 당하는데도 이야기하지 않는다면 문제입니다

문제는 아이가 괴롭힘을 당하는데도 불구하고 자신의 이야기를 하지 않는 것입니다. 이런 아이들은 언젠가부터 말수가 줄어들고 눈치를 보는 모습을 보이기도 합니다. 그래서 부모들이 유치원에서 무슨 문제가 있는 것이 아닌가 하고 짐작하게 되는 것이지요. 유치원에 다양한 아이들이 모이다 보면 다른 아이들을 괴롭히며 즐거움을 느끼는 아이들이 한두 명 있을 수 있습니다. 대부분의 아이들은 그런 아이한테 괴롭힘을 당하면 항변을 합니다. 3~4세 아이들은 좀 힘들지만 5~6세쯤 되면 아이들은 자기 보호 능력이 생겨서 자기를 괴롭히는 아이한테 대들기도 하고 선생님이나 엄마한테 이르기도 합니다.

자기가 겪은 부당함을 알리는 것이 지극히 정상적인 행동인데 눈치만 보고 항변도 안 하고 결국 부모가 느낌으로 알아채게 된다면 문제라 할 수 있습니다. 물론 다른 아이를 괴롭히는 아이가 가장 큰 문제이지만 괴롭힘을 당하고도 이야기하지 않는 것은 아이한테 문제가 있을 가능성이 많습니다. 이때는 전문의의 도움을 받아야 합니다. 그 다음에는 어른들이 나서서 괴롭히는 아이가 더 이상 비슷한 행동을 하지 못하도록 주의시켜야 합니다. 아이 스스로 못하니까 부모가 나서서 선생님과 상의해서 같은 일이 반복되지 않도록 조치를 한 다음, 왜 우리 아이가 자기 보호를 못 하는가에 대한 원인을 찾아야 합니다.

간혹 불안이 많은 아이나 자신감이 부족한 아이들이 이런 모습을 보일 수 있습니다. 불안 장애나 자신감 부족은 부모와 애착 형성이 잘 되지 않았을 경우 나타납니다. 애착이 좋지 않은 아이들은 부모가 없는 상황에서 자기 보호를 잘 하지 못합니다. 괴롭힘을 당해도 말도 못 하고 오줌을 지리기도 하지요. 만약 이런 아이가 이 상태로 초등학교에 들어가면 우울증이 생기게 됩니다. 아이가 슬픈 기분을 많이 느끼고 의욕도 없고 그러다 보니 공부도 안 하게 되지요. 친구로부터 괴롭힘을 당하면 친구가 무섭고 혼자만 있으려고 하는 등 사회성 발달에 큰 문제가 생기므로 빨리 문제를 해결해 주어야 합니다.

내성적인 아이에게는 대처 요령을 알려 주세요

기질상 내성적인 아이들도 친구가 괴롭혔을 때 이야기를 안 할 수 있는데, 이 경우는 위에서 이야기한 아이들과는 다릅니다. 괴롭힘을 당했을 당시에는 말을 하지 않을 수 있지만 구체적인 행동 요령을 알려 주면 정상적인 아이들은 이야기를 합니다. 부모가 나서서 괴롭히는 아이와 대화를 하고, 선생님과 상담을 하며 문제를 해결한 후에 아이한테 "다음부터 괴롭힘을 당하면 이야기해라"는 식으로 가르쳐 주세요. 그러면 아무리 내성적인 아이라도 자기가 당한 것에 대해 이야기를 하게 됩니다.

[Question 11]

손톱 물어뜯는 버릇, 어떻게 없앨 수 있을까요?

아이에게 손톱을 물어뜯는 버릇이 있으면 보기에도 좋지 않고, 위생적으로도 좋지 않아서 말리게 됩니다. 그런데 말릴 때는 잠깐 그쳤다가 뒤돌아보면 어느새 또 손톱을 물어뜯고 있는 아이를 보면 많이 답답하지요.

아이가 손톱을 물어뜯을 때는 버릇을 없애는 데 초점을 맞출 것이 아니라 왜 그러는지 알아보아야 합니다. 만약 아이에게 손톱을 물어뜯지 말라고 여러 번 이야기했는데도 불구하고 계속 그런다면, 뭔가 다른 이유가 있는 것으로 봐야 합니다. 보통 아이들은 세 번 혼나면 스스로의 의지로 자기의 행동을 고치려고 합니다. 야단을 맞아도 계속한다면 자기 의지대로 안 되는 상황이라 볼 수 있습니다.

감당하지 못하는 스트레스가 있는지 살펴보세요

손톱을 물어뜯는 이유에는 여러 가지가 있는데, 그중 대표적인 것이 틱(Tic) 증상과 스트레스를 받을 때 긴장감을 완화시키기 위한 것입니다. 틱은 자주 눈을 깜빡거린다거나 코를 킁킁거리는 등 자신은 전혀 의식하지 못하는 행동을 반복하는 것을 말하는데, 이 시기의 틱 증상은 시간이 지나면서 없어지는 경우가 많으므로 좀 더 지켜보는 것이 좋습니다. 하지만 틱을 만성적으로 가진 아이들의 경우 초등학생이 되면 다시 나타날 수 있으며, 이렇게 틱 증상이 반복된다면 소아 정신과 전문의에게 진료를 받아 보는 것이 필요합니다.

아이가 긴장하거나 스트레스를 받을 때 손톱을 물어뜯는 버릇이 나타난다면 아이가 감당하지 못하는 스트레스가 있는지 살펴보세요. 예를 들어 동생이 태어난 후에 손톱을 물어뜯고 자해를 하는 등 이상 행동을 보이는 아이들이 있는데, 이는 동생한테 부모님의 사랑을 빼앗겼다는 상실감이 원인입니다. 이때는 아이를 더 많이 안아 주고, 아이에게 더 많은 관심을 기울여야 합니다. 동생이 태어나도 너에 대한 사랑은 늘 변함이 없음을 느끼게 해 주어야 하는 것이지요.

아이가 긴장하거나 스트레스를 받을 때 손톱을 물어뜯는 것 같다면 막기보다는 스스로 그만둘 수 있도록 유도해야 합니다. "○○야, 네가 손톱을 물어뜯으면 손톱 모양도 미워지고, 손톱 밑에 있

는 벌레가 네 입 속으로 들어가서 배가 아플 수도 있어"라고 이야
기해 주는 것입니다.

그럼에도 불구하고 손톱을 계속 물어뜯는다면 마음 편하게 놔두
는 것이 좋습니다. 아이가 조금 더 자라서 지능이 발달하면 스트레
스에 대한 내성이 생기기 때문에 손톱 물어뜯는 버릇이 줄어들기
도 합니다.

아이들 입장에서도 자기의 손톱을 물어뜯는다는 것은 괴로운 일
입니다. 아이가 괴로운데도 불구하고 할 수밖에 없는 상황을 이해
해 주고 스트레스를 줄여 나간다면 점점 손톱 물어뜯는 버릇도 사
라질 것입니다.

사정상 아이와 떨어져 있어야 하는데 괜찮을까요?

[Question 12]

맞벌이 가정이 늘어나면서 아이를 보육 기관에 맡기고 일을 하
는 부모들이 많습니다. 아침에 아이를 맡기고 저녁에 데려오는 경
우가 대부분이지만, 공부를 하기 위해 외국에 나간다거나 출장을
가는 경우에는 어쩔 수 없이 아이와 오랜 시간 떨어져 있어야 합
니다. 일을 위해서는 다른 선택의 여지가 없지만 부모가 없는 동안

아이가 잘 지낼지 걱정이 앞섭니다.

하늘이 두 쪽 나기 전에는 하지 말아야 합니다

이런 문제로 고민하는 엄마들에게 저는 단호하게 이야기합니다. 하늘이 두 쪽이 나도 절대 아이와 오래 떨어져 있지 말라고요. 아이가 집을 떠나서 1~2년 정도 살 수 있는 나이는 중학교 3학년 정도입니다. 캠프에 가서 지낼 수 있는 나이도 초등학교 3학년은 돼야 합니다.

따라서 5~6세 아이가 부모와 떨어져 지낸다는 것은 정말 힘든 일입니다. 이 시기에 준비가 안 된 상태에서 엄마와 떨어지게 되면 분리 불안이 생길 수 있습니다. 말도 더듬고 똥을 지리는 아이들도 있고, 손톱을 물어뜯는 등 이상 행동이 많이 나타나지요. 엄마와 떨어진다는 것이 이 시기 아이들에게는 감당 못 할 스트레스가 되기 때문입니다.

첫째 경모가 세 돌쯤 지났을 때 박사 논문을 준비하느라 아이와 2주 동안 떨어져 있었어요. 친정에 일주일, 시댁에 일주일 보냈는데 정말 난리가 났었습니다. 평소 할아버지 할머니와 친하게 지냈고, 엄마와 떨어져 있는 것이 안쓰러워 어른들이 더 챙겨 주었음에도 불구하고 밤만 되면 서울 집에 가자며 울고불고 난리를 쳤습니다. 2주 후에 만났는데 아이의 원망은 끝나지 않았습니다. "엄마 미워" 하며 말도 안 듣고, 유치원에 안 가겠다고 소리 지르는 등 후

유증이 정말 심했지요. 엄마와 떨어져 있는 동안 쌓여 있던 억울한 감정이 그렇게 표출되었던 것입니다. 그후 아이와 다시 가까워지는 데 3주가 걸렸습니다.

만약 어쩔 수 없이 엄마가 아이와 떨어져 있어야 하는 상황이라면 아이를 돌봐주실 분을 집에 오게 해서 같이 지내는 것이 좋습니다. 하루에 한 시간이라도 엄마와 함께 지내는 아이들은 정서적으로 안정감을 갖게 됩니다. 또한 아이와 떨어졌다 만난 후에는 되도록 아이와 많은 시간을 보내며 아이의 감정을 풀어 주기 위해 노력해야 합니다. 그래야 후유증 없이 아이가 밝게 자랄 수 있어요.

초등학교 입학 전까지 아이가 정서적으로 안정감을 가질 수 있도록 잘 키워 놓으면 그 이후에는 한숨 돌릴 수 있습니다. 아이와 떨어져 지내는 문제는 정말 심각하게 생각해 보아야 합니다. 아이를 생각할 때 얻는 것보다 잃는 것이 더 많을 수 있음을 항상 명심해야 합니다.

밥 먹일 때마다 전쟁을 치러요

[Question 13]

'밥 잘 먹는 아이'는 부모들의 소망입니다. 아무거나 줘도 앙증 맞은 입을 오물거리며 맛있게 먹는 아이를 바라보는 것만으로도 엄마 아빠는 배가 부르지요. 하지만 밥을 잘 먹지 않아 끼니때마다 아이와 실랑이를 벌이게 되면 밥이 코로 들어가는지 입으로 들어가는지 모를 정도로 식사 시간은 전쟁터가 따로 없게 됩니다.

단맛에 길들여지면 밥을 먹지 않아요

아이들이 밥을 먹지 않는 이유는 크게 두 가지로 볼 수 있습니다. 하나는 식습관의 문제인데 대표적인 것이 단맛이 강한 간식을 너무 많이 먹기 때문입니다. 대부분의 아이들은 단맛을 무척 좋아합니다. 그래서 사탕, 과자, 빵, 초콜릿, 요구르트 등 단맛이 나는 음식을 좋아하고 또 아이들을 통제하기 위해 어른들이 주는 경우도 많습니다. 이런 단맛은 식욕을 떨어뜨리고 포만감을 느끼게 하고 몸에서 빠른 시간 안에 에너지를 만들어 냅니다. 우리가 힘들거나 피곤할 때 초콜릿이나 사탕을 먹으면 잠깐 동안 생기를 느끼는 것도 그 이유 때문입니다.

평소에 단 음식을 많이 먹는 아이들은 단맛을 통해 포만감과 에너지를 얻기 때문에 식사 시간이 되면 밥을 먹지 않으려고 합니다. 밥은 단맛에 비해 자극적이지 않아 아이들은 굳이 맛도 없는 것을 먹어야 할 필요를 느끼지 못하는 것이지요. 이때는 단맛이 강한 간식을 줄여야 합니다. 감자나 고구마 등 천연 재료로 만든 간식을 준비하고, 다음 식사에 지장을 주지 않을 정도의 양을 식사하기 한

두 시간 전에 주는 것이 좋습니다. 아이가 더 달라고 해서 원하는 만큼 간식을 주게 되면 아이는 식사 시간에 밥을 거부하게 되고, 밥을 적게 먹었으니 배가 고파서 또 간식을 찾는 악순환이 반복됩니다.

올바른 식습관을 들이기 위해서는 원칙을 정해서 실천하는 것이 중요합니다. 먼저 간식 시간과 식사 시간을 정하고 그 시간 외에는 아이가 다른 군것질을 하지 않도록 해야 합니다. 아이가 밥을 먹지 않는다고 따라다니면서 먹이는 경우가 많은데 이는 절대 하지 말아야 합니다. 엄마 아빠가 밥숟가락을 들고 따라올수록 아이들은 도망가게 되고, 때로는 밥을 먹이고 싶어 하는 부모의 마음을 이용해 "100원 주면 먹을게", "게임하게 해 주면 먹을게" 하며 협상을 제안하기도 합니다. 밥 먹는 것이 부모와 아이 사이의 싸움의 주제가 되면 올바른 식습관을 들이기 힘들어집니다. 아이에게 일정한 식사 시간을 알려 준 후 시간이 지나면 밥상을 치우고 다음 식사까지 간식을 주지 않는 것도 도움이 됩니다.

선천적으로 특정한 맛을 싫어하는 아이들이 있어요

두 번째로는 선천적으로 음식의 특정한 맛과 느낌을 싫어하는 아이들의 경우입니다. 밥을 싫어하는 아이들의 경우 밥의 냄새와 찐득찐득한 느낌이 싫어서 거부하기도 하는데, 이때는 밥 대신 쌀로 만든 국수나 빵을 주어도 됩니다. 먹는 것 자체를 싫어하는 아이들도 있는데 이런 아이들조차 몇 가지 음식은 먹습니다. 그것을 찾아내는 일이 중요하지요. 아이들마다 좋아하는 냄새, 촉감, 색깔, 맛이 다 다른데, 억지로 싫어하는 음식을 먹게 하면 식사 자체를 싫어하게 될 수 있습니다.

아이가 어떤 맛과 느낌 때문에 특정 음식을 먹지 않는지 잘 살펴본 후 아이가 좋아하는 맛과 느낌으로 음식을 만들어 주면 대부분의 아이들이 잘 먹습니다. 아이가 잘 먹는 음식의 리스트를 만들어 그 맛의 공통점을 찾아보면 아이가 좋아하는 맛을 알 수 있습니다. 의외로 매운 것을 잘 먹는 아이들도 있고, 짠 것을 좋아하는 아이들도 있어요. 고소한 맛, 튀긴 음식 등 공통점을 찾아 아이에게 맞는 조리법으로 만들어 주세요. 보통 아이들은 6개월 정도 이렇게 해 주면 음식을 잘 먹게 됩니다.

중요한 것은 아이에게 먹는 즐거움을 알려 주는 것입니다. 아이는 싫다고 하는데 부모는 영양을 따져 가며 싫어도 먹으라고 강요하다 보면 아이는 도망가고 토하면서 음식을 더 거부하게 됩니다. 아이가 좋아하는 맛을 즐기게 해 주면서 새로운 맛에 한두 번씩 도전하게 하면 자연스럽게 다른 음식의 맛도 배우고 즐길 수 있게 됩니다.

유치원에 다니는 아이가 급식을 먹지 못하고 특정 음식만 먹으려고 한다면 반찬 도시락을 싸서 보내는 것이 좋습니다. 유치원에 도시락을 싸 가지고 가서 다른 아이들과 함께 식탁에 앉아 펼쳐 놓고 먹는 것입니다. 아이는 다른 아이들이 먹는 것을 보면서 자연스럽게 '나도 한번 먹어 볼까?' 하는 마음을 갖게 됩니다. 같은 밥이라도 여럿이 먹으면 맛있듯이 아이들도 함께 어울리면서 맛있게 먹는 법을 배우게 되는 것이지요.

아이가 디지털 기기를 손에서 놓지 않아요

[Question 14]

구글, 페이스북 등에서 일하는 실리콘밸리 종사자들은 아이들에게 컴퓨터와 스마트폰을 얼마나 허용하고 있을까요? 놀랍게도 그들의 자녀가 대부분 다니고 있는 발도르프 학교를 보면, 아날로그 교육을 강조하며 아이들에게 컴퓨터와 스마트폰을 접할 기회를 거의 제공하지 않습니다. 중학교 과정에 들어가서야 비로소 컴퓨터 수업을 시작한다고 합니다. 스티브 잡스도 정작 자신의 10대 자녀에게는 아이폰을 사용하지 못하게 했다고 합니다.

디지털 기기에 빠진 아이, 100퍼센트 부모 책임
그런데 왜 우리나라 부모들은 아무렇지 않게 영유아에게조차 디지털 기기를 쉽게 허용하는 걸까요? 미디어미래연구소의 2018

년 발표에 따르면 아이가 스마트폰을 처음 접한 시기는 6개월 이전이 2.3퍼센트, 12개월이 14.7퍼센트로, 만 1세 이전에 17퍼센트가 이미 스마트폰을 사용하는 것으로 나타났습니다. 또 3~5세 유아 중 28.9퍼센트가 하루에 1~2시간 스마트폰을 이용한다고 답했습니다.

더 큰 문제는 부모들의 스마트폰 허용 목적에 있습니다. 조사 결과 '아이에게 방해받지 않고 다른 일을 하기 위해'(31.1퍼센트), '아이를 달래기 위해'(27.7퍼센트), '아이가 좋아해서'(26.6퍼센트)가 1~3위로 전체의 85.4퍼센트를 차지했습니다. 부모가 아이에게 스마트폰을 보여 주는 이유가 대부분 부모의 편의를 위해서라는 현실이 조사로 드러난 것입니다.

아이의 창의력을 키워 주고 싶다면

만 4~6세는 일생을 통틀어서 가장 창의적인 나이입니다. 보통 어른들은 의자를 봤을 때 사람이 앉을 수 있는 가구라는 사실을 떠올릴 뿐 그 외에 별다른 생각을 하지 않습니다. 반대로 4~6세 아이들은 의자를 뒤집어 텐트를 만들기도 하고, 의자를 여러 개 붙여서 울타리를 만들기도 합니다. 한없이 즐거운 상상의 나래를 펼치는 것이지요.

또 이 시기의 아이들은 끊임없이 질문을 쏟아냅니다. 전두엽이 발달하면서 분석하고 창조하는 능력이 생기기 때문에 그만큼 호기심이 많아지는 것입니다. 그럴 때는 단편적이고 수동적인 자극보다는 스스로 만들 수 있는 자극을 주는 것이 훨씬 좋습니다. 아이가 만약 "엄마, 이건 뭐야?", "저건 왜 그래?"라고 물으면 "너는 뭐라고 생각하는데?"라는 식으로 되물어보는 것이지요. 그렇게 묻고 대답하다 보면 자연스럽게 아이의 창의성도 무럭무럭 자라나게 됩니다.

그런데 디지털 기기는 그 기계 안에 저장된 기능에만 충실합니다. 답을 알려 줄 수 있을지언정 더 깊은 생각을 유도하지는 못합니다. 그러면 아이는 다르게 생각하고, 뒤집어 생각해 보는 시도를 하지 않게 됩니다. 대신 디지털 기기를 통해 단편적이고 획일적인 자극을 받는 학습에 익숙해져 버리고 맙니다.

그러므로 5세 미만의 아이에게는 디지털 기기를 노출시키지 않는 것이 최선입니다. 만약 어쩔 수 없이 허락하게 되었다면 반드시 처음부터 범위와 시간을 확실히 해 두는 것이 좋습니다. 특히 스마트폰 같은 경우는 접근성이 용이하기 때문에 정해진 시간 외에는 사용하지 못하도록 스마트폰을 아이의 손에 닿지 않는 곳에 보관해야 합니다. 부모도 아이가 보는 앞에서는 가급적 스마트폰 사용을 금하는 것이 좋습니다.

좀 더 효율적인 학습을 위해서 컴퓨터를 접하게 하는 부모들도 있는데요. 요즘은 한글이나 영어를 재미있게 배울 수 있는 사이트가 많은 것도 사실입니다. 그러나 그럴 때도 아이 혼자 컴퓨터를 하게 하면 안 됩니다. 부모가 시킨 것만 하던 아이도 조금 지루해지면 여기저기 클릭을 하게 됩니다. 그러다 보면 다른 사이트로 넘어갈 수도 있고, 학습 프로그램보다 더 재미난 게임을 발견할 수도 있습니다. 그래서 어느 순간 영어 공부하라고 인터넷을 하게 했는데 엉뚱한 게임에 빠져 있는 아이를 발견하고는 황당해하는 경우가 생기지요.

그러므로 학습을 위해 컴퓨터를 이용할 경우에도 엄마나 아빠가 아이 옆에 붙어서 제대로 학습을 하고 있는지 챙겨야 하고, 시간도 한 시간을 넘기지 않도록 해야 합니다.

그리고 될 수 있으면 스마트폰이나 컴퓨터 등 디지털 기기를 이용한 학습보다는 책이나 다른 교재를 이용한 학습을 권합니다. 컴퓨터를 이용한 학습은 화면이 자극적이고 흥미 위주로 진행되기 때문에 책을 멀리할 수 있습니다. 또한 창의력을 키우는 데도 컴퓨터는 좋지 않습니다. 컴퓨터를 이용한 학습은 제한된 자극만을 받게 되기 때문입니다.

대신 아이에게 몸으로 놀 수 있는 시간을 많이 주세요. 이 시기의 아이들은 오감을 통해서 세상을 배웁니다. 몸을 움직이면서 놀다 보면 디지털 기기를 들여다보는 것보다 친구들과 어울려 노는 게 훨씬 더 재미있음을 알게 되어 자연스럽게 디지털 기기를 멀리하게 됩니다.

5세인데 한글을 깨치지 못했다면 학습 장애가 있는 건가요?

학교 입학이 얼마 남지 않았는데 한글을 떼지 못했다면 불안한 마음이 앞서는 것이 사실입니다. 그래서 부랴부랴 한글을 가르치려 애쓰는데 아이가 부모의 마음처럼 따라오지 않으면 '학습 장애가 있는 것은 아닐까?' 하는 생각이 들게 됩니다.

과도한 조기교육은 집중력을 떨어뜨립니다

이 시기 아이들이 아직 한글을 떼지 못했다고 해서 학습 장애가 있다고 판단하기는 어렵습니다. 지능 검사를 비롯해 여러 가지 검사를 해 봐야 정확한 판단을 내릴 수 있지요. 어떤 교육이든 아이의 발달 과정에 맞춰 진행해야 합니다. 보통 6세 정도 되면 뇌에서 언어 발달과 관련 있는 측두엽과 수 개념과 관련 있는 두정엽이 발달한다고 합니다. 그래서 이 시기에 한글이나 수학을 가르치면 대부분의 아이들이 받아들이게 됩니다. 학교 입학 시기가 8세로 정해진 것도 이런 아이들의 뇌 발달과 연관이 있습니다.

6세가 넘어서도 한글 학습이 잘 안 된다면 원인을 찾아보아야 합니다. 학습 장애가 있어서 그럴 수 있지만, 집중력이 약하거나 공부할 마음이 없어서 학습이 안 되는 아이들이 더 많습니다. 보통

3~4세 때부터 학습을 시킨 아이들에게서 많이 나타나는데, 어렸을 때 너무 많이 하다 보니 지겨워져서 집중력도 떨어지고 할 마음도 생기지 않는 것이지요. 5~6세에 가르치면 한두 달이면 될 것을 3~4세 때부터 시작하면 1년이 걸리고, 그 과정에서 아이의 흥미가 떨어지게 되는 것입니다.

한번은 아이의 학습이 늦다며 병원을 찾은 엄마가 있었는데 아이가 연필 잡는 것조차 싫어해서 검사를 못한 경우도 있었습니다. 어렸을 때 얼마나 시켰으면 벌써 연필조차 거부하는 것인지 참 안타까웠지요. 대부분의 아이들은 큰 문제만 없으면 5~6세 때 한글을 익히는 데 별 어려움이 없습니다. 아이가 한글 학습을 싫어하거나 불안이 많고 충동 조절이 안 될 때는 학교 들어가기 6개월 전에 해도 늦지 않습니다.

요즘은 초등학교에서 아이들이 한글과 수학을 어느 정도 알고 있다는 전제하에 수업을 하는 경우가 많은데, 그렇더라도 과도한 학습은 아이의 집중력을 떨어뜨릴 수 있습니다. 학교에 가서 새롭게 배우는 게 있어야 재미가 있는데, 다 아는 내용을 가르치면 흥미가 떨어져 학교는 재미없는 곳이라는 생각을 하게 되기도 합니다. 초등학교 교사인 어떤 엄마는 아이를 한글 교육조차 시키지 않고 학교에 보냈다고 해요. 그 아이는 처음에는 헤맸지만 자기가 부족하다는 생각에 선생님 말씀을 귀담아들었답니다. 선생님 입장에서도 열심히 듣는 아이가 예쁘니까 칭찬을 해 주었고, 아이도 새로운 것을 알아가는 과정이 재미있어서 공부도 잘하게 되었대요.

힘들어할 땐 쉽게 해 주세요

아이가 한글 학습을 힘들어할 때는 그 원인 파악이 먼저입니다. 학습 장애인 경우는 전문의의 도움을 받아 적절한 치료를 해야 하고, 과도한 조기 학습으로 인한 것이라면 학습 분량과 방법을 조절해야 합니다. 당분간 아이를 힘들게 했던 교육을 중단하고 충분히 쉴 수 있는 시간을 준 다음 천천히 재미있게 다시 시작하세요.

큰아이 경모는 학교에 입학하기 두 달 전에야 겨우 한글을 뗄 수 있었습니다. 워낙 하기 싫은 것에 대한 거부감이 큰 아이여서 한글 교육 시기를 늦출 수밖에 없었어요. 그런데 무서운 속도로 한글을 익히더라고요. 아이가 뛰어나서라기보다 학습을 할 수 있을 정도로 뇌가 발달했기 때문이었지요. 그 무엇이든 하나라도 빨리 가르쳐야 한다는 강박관념에서 하루빨리 벗어나세요.

여러 사람 앞에서 이야기할 때면 갑자기 말을 더듬어요

[Question 16]

말을 잘하던 아이가 갑자기 말을 더듬기 시작하면 걱정이 이만

저만이 아닙니다. 더군다나 집에서는 멀쩡히 말을 잘하다가 유치원에서 발표를 할 때나 여러 사람 앞에서 이야기할 때 말을 더듬으면, 그런 아이의 모습에 엄마 아빠도 기가 죽게 되지요.

보통 말더듬증은 말을 배우기 시작하는 3세 전후에 많이 나타납니다. 머릿속에는 하고 싶은 말이 많은데 말로 표현하는 데는 한계가 있어서 일시적으로 말을 더듬게 되는 것이지요. 이때는 내버려두면 언어능력이 발달하면서 말 더듬는 것이 자연스레 줄어들게됩니다.

5~6세의 말더듬증은 사회불안이 원인

그런데 3~4세에는 말을 잘하던 아이가 5~6세가 되면서 다른 사람들 앞에서 말을 할 때 더듬기 시작했다면 사회불안증으로 볼 수 있습니다. 체질적으로 여러 사람 앞에 서면 불안해서 말을 더듬는 아이들도 있는데, 엄마 아빠에게 사회불안증이 있다면 아이에게도 나타날 가능성이 높습니다.

별문제 없던 아이가 갑자기 말을 더듬는다면 큰 충격을 받은 일이 있는지 알아봐야 합니다. 어른들로부터 학대를 받았다거나 집단적으로 맞는 등 아이가 감당할 수 없을 정도의 충격을 받았을 때 말더듬증이 나타납니다. 얼마 전에 심한 말더듬증으로 병원을 찾은 아이가 있었습니다. 말을 잘하던 아이였는데 아빠가 자살을 하는 끔찍한 일을 겪은 후 말더듬증이 시작되었습니다. 그래서 약물 치료와 놀이 심리 치료를 꽤 오랫동안 해야 했어요.

체질적으로 사회불안이 있어 말을 더듬는 아이라면 당장 어떤 치료를 시작하기보다는 아이가 불안해하는 상황을 줄이면서 초등학생이 될 때까지 기다려 보는 것이 좋습니다. 이 시기에는 언어 치료가 쉽지 않고, 자라면서 불안을 견디는 능력이 커지면 말더듬증이 줄어들기도 합니다. 조금 기다려 보고 말더듬증이 더 심해진다면 불안 치료를 해 보는 것이 좋습니다.

충격적인 일을 겪은 후 시작된 말더듬증은 마음의 상처를 치유하는 데 초점을 맞춰야 합니다. 앞에서 예로 들었던 아이의 경우 말더듬증이 사라졌지만 반항적이고 공격적인 행동들이 계속 되어 치료가 오래 이어졌습니다. 놀이 심리 치료와 약물 치료를 통해 마음의 상처를 치유하는 작업을 꾸준히 하다 보면 자연스럽게 말더듬증도 줄어들게 됩니다.

가만히 아이의 이야기를 들어 주세요

체질적인 문제이든 충격으로 인한 말더듬증이든 아이가 말을 더듬을 때 절대 하지 말아야 할 일이 일부러 아이를 여러 사람 앞에 세우는 것입니다. 여러 사람 앞에서 말하는 기회를 자주 가지면 말더듬증이 줄어들지 않을까 하는 마음에 이렇게 하는 부모들이 많은데, 이는 역효과만 가져옵니다. 오히려 불안이 커져서 더 말을 더듬거나 아예 말을 안 하게 되지요. 더군다나 형제가 있을 경우

다른 아이가 말 더듬는 것을 따라 할까 봐 더 적극적으로 아이의 말더듬증을 고치려 애쓰는 경우가 많습니다. 체질적으로 불안증이 없다면 다른 형제가 말더듬증을 보일 확률은 적으니 크게 걱정하지 않아도 됩니다.

아이가 말을 더듬을 때 '하지 마라' 하는 말보다는 가만히 아이의 이야기를 들어 주세요. 엄마는 답답한 마음에 아이가 말을 더듬을 때마다 지적을 하고, 똑바로 말하라고 다그치게 되는데 그럴수록 아이는 자신감을 잃고 입을 닫게 됩니다. 하고 싶은 말을 속 시원히 하지 못하는 아이의 답답함에 공감하며 아이가 어떤 말을 하고 싶어 하는지 귀 기울여 주세요. 엄마가 편안한 마음을 가지면 아이도 편안한 마음으로 이야기를 하게 되고, 자신감이 생겨 말을 더듬는 것도 줄어듭니다.

남자 여자 형제, 언제부터 따로 재워야 하나요?

[Question 17]

딸도 있고 아들도 있는 부모를 보면 많은 사람들이 '딸도 키워 보고, 아들도 키워 봐서 좋겠다'는 말을 많이 합니다. 물론 아들도 있고 딸도 있으니 좋은 면도 있지만 동성 아이들을 키우는 부모는 이해하기 어려운 고민을 하기도 합니다. 대표적인 것이 남매를 언제부터 따로 재워야 하는지 하는 것입니다.

사춘기가 되기 전에 따로 재우면 됩니다

아이들은 스스로 자신의 성 정체성을 찾아가다 초등학교 3~4학년쯤 되면 자기들이 알아서 따로 자려고 합니다. 특히 여자아이들은 사춘기가 시작될 무렵이 되면 남자 형제와 같이 자기를 싫어하게 됩니다. 보통 여자아이들 때문에 남매가 따로 자게 되는 경우가 많지요.

만약 남매가 같이 자는 모습에 자꾸 예민하게 반응하게 된다면 혹시 엄마 자신에게 성과 관련된 문제가 있었던 것은 아닌지 생각해 보는 것이 좋습니다.

다만 아이가 성적인 호기심이 많아져서 성에 대해 질문을 자주 하거나 텔레비전에서 본 키스 장면을 흉내 내려 한다든지 하면, 이성 형제를 통해 자신의 궁금증을 풀려고 할 수 있으므로 따로 재우는 것이 좋습니다. 요즘은 텔레비전 드라마의 애정 표현 수위가 높아져서 아이들과 함께 보기에 민망한 장면도 많습니다. 가능하면 아이들에게 어른들이 보는 프로그램을 보여 주지 않는 것이 좋습니다. 너무 빨리 어른들의 세계를 접하면 조숙해져서 아이들만의 감수성을 키울 기회를 잃게 됩니다.

아이에게 부부 싸움을 들켰어요

아마도 살면서 한 번도 싸움을 하지 않는 부부는 없을 것입니다. 사랑해서 결혼했다고 하더라도 서로 자라 온 환경이 다르고, 남녀의 성향 차이가 있기 때문에 어쩔 수 없이 싸우게 됩니다. 문제는 부부 싸움으로 인해 아이들이 느끼는 불안감입니다.

보호막이 날아갈 수 있다는 불안감을 느끼는 아이들

아이들에게 있어 엄마 아빠는 자신을 지켜 주는 보호막입니다. 그런 엄마 아빠가 싸움을 하면 아이들은 자신의 보호막이 없어질 수도 있다는 불안감을 느끼게 됩니다. 엄마 아빠는 사소한 일로 다투는 것이지만 그것을 보는 아이들은 '우리 엄마 아빠가 헤어지겠구나, 그럼 난 어떻게 하지?' 하는 생각까지 하게 됩니다. 부부 싸움으로 인해 불안을 심하게 느끼는 아이들은 온갖 스트레스 반응을 다 보입니다. 갑자기 손가락을 빨기도 하고 퇴행이 나타날 수도 있어요. 자기를 보호해 주는 시스템이 날아갈 수 있다는 불안감이 그만큼 큰 것이지요. 부부 싸움이 지나쳐 가정 폭력까지 일어났다면 문제는 더 커집니다. 부모가 조절력을 잃고 폭력을 보이면 아이도 감정 조절력이 떨어져 문제 행동을 보일 수 있습니다.

부부 싸움을 하게 될 때는 될 수 있으면 아이들이 보지 않는 곳에서 해야 합니다. 아이에게 들켰을 경우에는 '엄마 아빠도 너희들처럼 싸울 수 있어. 하지만 싸운다고 해서 엄마 아빠가 헤어지는 것은 아니야. 조금 지나면 화해할 거야'라는 식으로 이야기를 해 주는 것이 좋습니다.

또 시간이 어느 정도 지나 부부 싸움이 진정되었을 때는 엄마 아빠가 같이 아이에게 이야기해 주어야 합니다. 이제 엄마 아빠가 화해했으니 걱정하지 말라고요. 엄마나 아빠 어느 한 명만 이야기하면 설득력이 없습니다. 힘들더라도 같이 해야지요. 그래야 아이의 불안감도 줄어들고, 싸우고 화해하는 방법도 배울 수 있습니다.

남자아이인데 여자 옷을 사 달래요

[Question 19]

아이들을 키우다 보면 남자와 여자의 차이를 확연히 느끼게 됩니다. 여자아이들은 일부러 사 주지 않아도 분홍색 옷과 신발에 열광하고, 남자아이들은 누가 시키지 않아도 총싸움, 칼싸움을 합니다. 이런 행동은 자신의 성 정체성을 강화하기 위한 것으로 아이들은 지겹도록 공주 놀이와 칼싸움, 총싸움 놀이를 하면서 여성으로서 혹은 남성으로서 자신의 모습을 만들어 나갑니다.

성 정체성에 혼란을 겪고 있는지도 모릅니다

성 정체성을 강화해 가고 있는 이 시기 아이들은 옷 입는 것에도 민감합니다. 남자아이들의 경우 분홍색이 조금이라도 들어간 옷을 사 주면 여자 옷이라며 강하게 거부합니다. 반대로 여자아이들에게 오빠 옷을 물려 입히려고 하면 "나 남자 아냐" 하며 화를 내는 경우도 있습니다. 그런데 남자아이가 여자 옷을 좋아하고 사 달라고까지 한다면 성 정체성에 대해서 한 번쯤 짚고 넘어가 볼 필요가 있습니다.

정상적인 아이들은 18개월쯤 되면 자신이 남자인지 여자인지 정확히 알게 되고, 36개월쯤 되면 남자가 무슨 일을 하고, 여자가 무슨 일을 하는지 대충 알게 됩니다. 요즘은 남녀 차별 없이 기르는 문화가 대세이긴 하지만, 5~6세까지 이런 발달을 보이지 않는다면 정신적으로 문제가 있는 것이므로 전문의를 찾아 원인을 찾고 적절한 치료를 해야 합니다. 이 시기에 치료를 시작하면 호전이 빠르지만 초등학교 3~4학년만 되도 잘못된 성 정체성이 굳어져서 치료가 힘들어집니다.

몸은 남자아이인데 여자아이의 성향을 갖고 태어난 아이들도 있긴 하지만 이것은 아주 드문 경우이고, 주변 환경의 영향으로 만들어진 경우가 대부분입니다. 18개월 이후에 자신이 남자인지 여자인지 확실히 알게 된 아이들은 주변의 동성 어른을 보며 성 역할을 배워 갑니다. 남자아이는 아빠를 보며 여자아이는 엄마를 보며 성 역할을 배워 가는 것이지요.

이때 주변에 자신과 동일시할 남자가 없었다든지, 아빠가 제 역할을 하지 못했다든지, 엄마가 너무 극렬해서 남자아이의 특성을 무시했다든지 하면 아이는 남자로서 자신의 모습을 만들어 나갈 기회를 잃게 됩니다. 결국 몸은 남자지만 내면은 여자의 성향을 갖게 되는 것이지요. 보통 생물학적 이유보다는 이런 심리적 이유로 성 정체성을 정립하지 못하는 경우가 꽤 많습니다. 이럴 때는 전문의와 상의하여 아이의 환경을 바꾸고 심리 치료를 진행하면 남성성을 회복할 수 있습니다.

아들 가진 부모가 알아야 할 교육 노하우가 있나요?

[Question 20]

남자아이를 키우는 엄마들은 이래저래 걱정이 많습니다. 여자인 엄마로서는 도저히 이해할 수 없는 행동을 하는 경우도 많고, 공격성이 강해 조금이라도 자기가 억울한 상황에서는 말보다는 몸으로 먼저 문제를 해결하려는 경향도 강합니다. 게다가 공부를 시켜

보면 여자아이들보다 학습 능력이 떨어져 답답할 때도 많습니다.

뇌 발달이 여자아이들보다 1년 느려요

저 역시 남자아이를 둘씩이나 키운 엄마로서 남자아이 키우기가 쉽지 않다는 것을 절감합니다. 남자아이를 키울 때는 '힘들다'는 것을 각오해야 합니다. 일단 뇌 발달이 여자아이들보다 1년 정도 늦기 때문에 느긋한 마음을 갖는 것이 중요합니다. 중학교 3학년 때까지는 여자아이들이 남자아이들보다 누나라고 봐야 합니다. 몸도 더 빨리 자라고 학습 능력도 높습니다. 남녀공학 중학교의 경우 전교 1등은 대부분 여자아이가 차지할 정도로 여자아이들이 뛰어난 능력을 보이지요.

공부뿐 아니라 다른 측면에서도 남자아이들이 여자아이들보다 떨어집니다. 준비물 챙기는 것에서도 차이가 나고 수행평가에서도 여자아이들과 경쟁이 되지 않습니다. 그렇다 보니 여자아이들이 남자아이들을 괴롭히고 놀리는 현상까지도 나타납니다. 유치원에서도 요즘은 여자아이에게 맞고 우는 남자아이들이 많다고 하더라고요.

남자아이와 여자아이의 수준이 같아지는 시점이 중학교 3학년 때입니다. 그래서 자기 아들이 여자아이들보다 떨어지는 모습을 보기 싫으면 중학교 때부터 남녀공학을 보내지 않는 것이 좋고, 그럴 수 없다면 중학교 3학년까지는 누나를 모시고 산다는 마음으로 학교에 보내는 게 편합니다. 저 역시 경모와 정모를 남자 중학교, 남자 고등학교에 보냈습니다.

남자아이들은 충동 조절이 잘 안 되고 성적 자극에 약하고 뇌도 천천히 발달하는 등 여자에 비하면 열등하다고 할 수 있어요. 그런데 잘 기르면 세상을 위한 큰 일꾼으로 쓸 수 있는 게 남자아이들입니다. 무뚝뚝하지만 정도 있고 잔머리를 굴리지 않고 우직하게 한 우물을 파는 경향이 있지요. 그래서 여자아이들과 비교하고 경쟁하게 하기보다는 남자아이들끼리 경쟁하고 에너지를 발산할 수 있는 분위기를 만들어 주는 것이 좋아요.

▎공격성을 조절해 주세요

남자아이를 키우면서 신경 써야 할 것이 공격성 조절입니다. 남자아이들은 여자아이들보다 공격성이 강해 자신이 억울한 상황에서 말보다 주먹이 먼저 나갑니다. 이런 공격성을 조절해 주지 않으면 '힘센 것이 옳은 것'이라는 가치관을 갖게 되고, 원하는 것이 있을 때마다 힘으로 해결하려고 하므로 주의를 기울여야 합니다. 아들을 키우는 많은 부모들이 아이가 공격성을 보일 때 '남자아이들이 다 그렇지 뭐' 하며 별일 아니라는 듯 넘어갈 때가 많은데, 이런 태도가 남자아이의 공격성을 키운다는 것을 알아야 합니다.

또한 남자아이들에게는 이성적, 논리적으로 말하는 방법을 가르쳐야 합니다. 몸으로 표현하기 더 좋아하는 아이들은 말이 단순하고 짧은 것이 특징입니다. 그래서 감정 표현도 서툴고 언어능력도 뒤떨어지기 때문에 일상생활에서 논리적으로 길게 이야기하는 습관을 들여 주는 것이 좋습니다. 예를 들어 아이가 장난감 자동차를 갖고 싶어 할 때 무조건 장난감을 사 달라고 조르면 들어주지 말고, 왜 그 장난감을 갖고 싶은지 이야기하면 사 주는 것이지요. 이렇게 하다 보면 말보다 행동이 앞서는 경우도 줄어들고 행동을 하기 전에 생각하고 말을 하는 습관도 길러 줄 수 있습니다.

5~6세
(49~72개월)

안정된 자아상을 바탕으로 세상 밖으로 나아갑니다

두 돌 때부터 시작된 자아 형성이 다섯 돌이 넘어서면서 거의 완성됩니다. 그래서 이 시기의 아이들은 여자로서 혹은 남자로서 안정된 자아상을 가지고 있고, 쉽게 흔들리지 않습니다.

아이들은 완성된 자아상을 더욱 굳건히 만들기 위해 누가 봐도 성별을 알 수 있는 놀이를 합니다. 남자아이들은 누가 말해 주지 않아도 자동차나 로봇 장난감을 고르고, 칼싸움과 총싸움 놀이를 합니다. 옷도 파란색 옷을 좋아하지요. 여자아이들은 공주 이미지에 사로잡혀 드레스를 사 달라고 조르고 분홍색 옷만 입으려고 합니다. 지겨울 정도로 공주 놀이를 하고요.

감정을 이성적으로 조절할 수 있게 됩니다

5~6세가 되면 아이들은 머리가 무척 좋아집니다. 그래서 자신이 원하는 바가 이루어지지 않더라도 화를 내거나 떼를 쓰는 대신 말로 부모를 설득하려 합니다. 감정을 이성적으로 조절할 수 있는 능력이 생긴 것이지요. 이전 시기와 비교해 보자면 2세에는 감정 조절이 안 돼 화를 마구 내고, 3~4세에는 감정 조절이 됐다가 안 됐다가 합니다. 그래서 금방 좋아졌다 금방 싫어졌다 변덕을 부리는 일이 많습니다. 그러다 5~6세가 되어서야 비로소 감정 조절이 가능해지는 것입니다.

이런 감정 조절을 통해 몸을 조절하는 것도 가능해집니다. 3~4세에는 소변이나 대변이 마려울 때 어떻게든 바로 해결해야 하지만 이 시기가 되면 참는 것이 가능해집니다. 그래서 소변이 마려울 때 화장실을 찾을 때까지 소변을 참을 수 있게 됩니다. 때때로 아이들은 자신의 능력을 시험해 보려고 소변이 마려울 때 '하나, 둘, 셋, 넷' 하고 숫자를 세면서 일부러 참기도 합니다.

또한 이때부터 제대로 된 학습도 할 수 있습니다. 3~4세에도 학습은 가능하지만 아이들의 감정이 널을 뛰고 논리적인 사고 능력이 완성되지 않았기 때문에 그 효과를 장담하기 힘듭니다. 3~4세 아이들은 한글이나 숫자를 가르칠 때 틀린 것을 지적하면 금방 의기소침해집니다. '나는 엄마랑 결혼 못 하겠다', '나는 여자로서 매력이 없나 보다'라는 생각까지 합니다. 아직 자아 형성이 완전하지 않아, 단순히 틀린 것을 지적한 것인데도 불구하고 자기 자신에 대한 근본적인 문제 제기까지 하는 것이지요. 아이가 3~4세일 때에는 자칫 잘못하면 자신감을 잃을 수 있으므로 학습을 시키지 않는 것이 좋습니다.

하지만 5~6세가 되면 한글이나 숫자를 가르칠 때 틀린 것을 지적해도 자아상이 흔들리지 않습니다. 문제를 틀린 것과 내가 남자 혹은 여자인 것과는 아무 상관이 없다고 생각하기 때문입니다.

지겹도록 공주 놀이와 싸움 놀이를 하는 아이들

3~4세에 자신이 여자인지 남자인지 확실히 깨달은 아이들은 이 시기가 되면 놀이를 통해 자신의 여성성 혹은 남성성을 실습합니다. 여자아이들이 공주 이야기에 정신을 못 차리고 남자아이들이 로봇이라면 자다가도 벌떡 일어나는 것이 그 이유입니다. 3~4세에 동성 부모에게 경쟁심을 느끼다가 이제는 닮기로 마음먹으면서부터, 반복적인 놀이를 통해 여성으로서 혹은 남성으로서 자신의 모습을 만들어 가려 노력하는 것이지요.

이 시기의 여자아이는 오빠 옷을 물려주며 입으라고 하면 화를 내고, 남자아이는 분홍색이 조금이라도 들어간 옷을 주면 "나 여자아냐" 하며 거부합니다. 여자아이들 중에는 공주 드레스를 너무 좋아해 한겨울에도 반팔 드레스를 입고 나가려는 아이들이 있습니다. 그럴 경우 말리는 대신 긴팔을 입히고 그 위에 드레스를 입혀 주는 것이 좋습니다. 또한 남자아이들은 하루 종일 총싸움, 칼싸움을 하며 놉니다. 힘이 최대 관심사이기 때문에 싸움 놀이를 통해 힘을 과시하려 하고, 자기가 놀이에서 졌을 경우에는 하늘이 무너진 것처럼 울기도 합니다.

원할 때 실컷 하게 해 주는 것이 최고 육아법

이 시기의 아이를 키우는 부모들은 종종 제게 "왜 이렇게 공주 옷만 사 달라고 할까요?", "매일 로봇을 가지고 싸움 놀이만 하는데, 아이가 폭력적으로 변하는 건 아닐까요?"라고 묻습니다. 어떤 엄마는 아들이 하루 종일 로봇 생각만 한다며 병원에 데리고 오기도 했습니다. 그러나 이는 걱정할 일이 아닙니다. 오히려 아이가 원하는 놀이를 실컷 하게 해 주면, 아이들은 원 없이 놀고 나서 스스로 새로운 관심사를 찾아 나섭니다. '아이는 마음껏 무언가를 해 본 뒤에 자기 스스로 끝낸다', 이것이 발달의 기본 원칙입니다.

물론 남자아이들이 싸움 놀이를 너무 심하게 할 때는 제지해야 합니다. 장난감 총을 사람에게 정면으로 겨누고, 장난감 칼로 애완동물을 찌른다면 혼을 내야 합니다. 자기는 재미있게 하려고 엄마에게 장난감 총을 겨누었는데 엄마가 단호하게 제지하면 좋은 행동이 아님을 깨닫고 그다음부터는 하지 않습니다. 또한 아이들은 자기 행동에 대해 재미있는 반응이 나오지 않으면 금방 시들해져서 그 행동을 관둡니다.

그러므로 아이들의 싸움 놀이를 억지로 막기보다는 '다른 사람을 다치게 하거나 기분 나쁘게 해서는 안 된다'라는 원칙을 명확히 일러 주고, 그것을 지키면서 놀 수 있도록 하는 것이 좋습니다. 이 시기에 이런 놀이를 충분히 하지 못한 아이들은 올바른 남성성과 여성성을 실습할 기회가 없어 자신에 대한 자신감을 잃게 됩니다.

친구들과 노는 것이 지상 과제

두 돌까지 엄마 혹은 아빠와 일대일 관계를 맺던 아이들은 3~4세에 '엄마-아빠-나'의 삼각관계를 맺게 됩니다. 이런 삼각관계가 안정화되면 드디어 여기에 친구를 넣어 사각 관계를 만들 수 있지요. 그 전까지의 친구는 단지 옆에 있는 아이일 뿐이지만 5~6세 때의 친구는 나를 재미있게 해 주고, 내가 재미있게 해 줄 수 있는 아이입니다. 자신에 대한 안정된 자아상을 갖게 되었기 때문에 다른 아이와 관계를 맺고 싶은 욕구도 생기는 것이지요. 반대로 자아상이 불안하여 자신감이 없는 아이들은 여전히 친구들과 관계를 맺는 일에 어려움을 느낍니다. 이런 상황에서 유치원과 같은 교육 기관에 보낼 경우 여러 가지 문제가 나타날 수 있습니다. 어떤 아이들은 친구에게 지나치게 매달려 집에 들어오기를 거부하기도 하고, 반대로 아예 친구에게 관심이 없이 혼자 노는 걸 좋아하기도 하는데, 이 양극단이 문제입니다.

이 시기의 아이들은 엄마 아빠와 놀기보다는 친구들과 노는 것을 즐깁니다. 그래서 장난감도 같이 갖고 놀고 싶어 하고, 만화영화도 같이 보려고 합니다. 만약 아빠가 스파이더맨 가면을 선물했을 경우 3~4세 아이들은 가면을 쓴 자신의 모습을 엄마 아빠나 친척들에게 보여 주고 싶어 하는 반면, 5~6세 아이들은 가면을 쓰고 친구들에게 달려갑니다.

물론 아이들이 싸우지 않고 잘 놀기만 하는 것은 아닙니다. 아직은 상대방 입장에서 생각하는 능력이 부족하기 때문에 의견 충돌이 있을 때는 다시는 안 볼 것 같이 심하게 싸우기도 합니다. 하지만 어른들처럼 감정의 앙금이 오래가는 것이 아니라 다음 날이 되면 언제 그랬냐는 듯 헤헤거리며 잘 놉니다. 친구들과 재미있게 노는 것이 이 시기 아이들의 지상 과제이기 때문에 싸웠다고 해도 감정을 툭툭 털고 잘 지낼 수 있는 것이지요.

3~4세에는 옆집 친구가 이사를 가도 그런가 보다 하던 아이들이 이때는 친구와 헤어지면 슬퍼하고, 한참 동안 그리워하기도 합니다. 친구 관계를 통해 많은 것을 배우는 시기이므로 아이가 친구들과 놀 수 있는 기회를 많이 주는 것이 좋습니다.

이성 친구보다 동성 친구와 잘 노는 것이 정상

놀이를 통해 남성성, 여성성을 실습하는 아이들은 이성 친구보다는 동성 친구와 노는 것을 더 좋아합니다. 이는 자신의 성 역할을 더 강화하기 위해서입니다.

이에 대해 여자아이가 너무 여자아이들하고만 놀면 나중에 사회생활을 시작했을 때 남자와 잘 어울리지 못해 어려움을 겪는 것은 아니냐며 걱정하는 부모들이 있습니다. 또 양성을 골고루 사귀어야 된다고 생각하는 부모들도 있고요. 그러나 이는 모두 아이의 발달 과정을 모르고 하는 이야기입니다.

이 시기에 여성성을 충분히 키워 놓으면 자신의 여성성을 잘 활용하는 여자로 자라게 됩니다. 사회생활을 할 때 자신의 여성성을 적절히 이용할 줄 아는 여자들이 성공할 가능성이 더 높습니다. 여자가 꼭 남자처럼 거칠고 공격적이어야 성공하는 것은 아니라는 뜻입니다.

그러므로 아이들이 동성 친구를 찾아 끼리끼리 놀 때 걱정하지 않아도 됩니다. 오히려 남자아이가 여자아이와 노는 것을 더 좋아하고, 여자아이가 남자아이와 노는 것을 더 좋아하는 것이 부자연스러운 일입니다.

규칙을 만들고 지키는 것을 좋아합니다

이 시기 아이들에게 부모의 말은 곧 법입니다. 그동안 부모와 애착 관계를 잘 형성해 온 아이들은 부모가 뭔가를 하라고 하면 그것을 지키려고 노력하고, 그 규칙을 지키는 데서 기쁨을 느낍니다. 또한 아이는 자신의 행동에 대해 항상 인정받기를 원하기 때문에, 아이가 규칙을 잘 지켰을 때 칭찬을 해 주고 '착한 일 스티커' 등으로 보상을 해 주면 효과가 큽니다.

또한 이제 아이도 논리적인 생각을 할 수 있으니 무조건 해야 한다고 말하는 것보다는 그 이유를 설명해 주는 게 좋습니다. 그러면 오히려 쉽게 수긍하지요. 예컨대 손을 씻으라고 이야기할 때 "손이 더러우면 병에 걸릴 수 있어"라고 이야기해 주면 아이는 엄마의 뜻을 이해하고 손을 씻습니다. 그래서 이 시기에 좋은 습관을 들이고자 할 때는 왜 그래야 하는지를 자세히 설명해 주는 것이 좋습니다.

규칙을 지키는 것을 좋아하다 보니 때로는 경직된 모습을 보이기도 합니다. 규칙이 상황에 따라 달라질 수 있다는 것을 이해하지 못하고 어떤 경우에든 규칙은 적용되어야 한다며 융통성 없이 구는 것이지요. 여행 가서 아이용 숟가락과 젓가락이 없는데도 집에서처럼 반드시 그것으로만 밥을 먹어야 한다며 고집을 부리는 경우가 그 예입니다. 이때에도 역시 왜 그럴 수밖에 없는지 이유를 설명해 주도록 하세요.

또한 부모들은 공중도덕을 잘 지키는 모습을 보여야 합니다. 그렇지 않으면 "빨간 불에 건너면 안 되는데 왜 건넜어?" 하는 곤란한 질문에 답해야 하는 상황이 생길 수도 있으니까요.

자존감을 하늘 끝까지 끌어올려 주세요

이 시기의 아이들은 무의식적으로 끊임없이 자기 자신에 대해 이런 질문을 던집니다. '나는 괜찮은 사람인가?' '나는 멋진 남자

인가?'

이는 현재의 자아상을 확인하는 작업입니다. 그러느라 어른들이 보기에는 별것도 아닌 것을 가지고 자기 자랑을 늘어놓는 등 잘난 척을 하는 것입니다.

"내 신발 예쁘지?"

"엄마 도와줘서 나 착하지?"

무조건 "응"이라고 대답하기에는 어딘지 석연치 않은 질문을 하며 잘난 척을 하는 아이들. 그러나 그 잘난 척을 무조건 인정해 주어야 합니다. 잘난 척을 하고 인정받는 과정을 통해 '나는 정말 괜찮은 아이구나' 하는 믿음을 쌓아 가니까요.

이 시기에는 이전에 비해 훨씬 머리가 좋아진 아이들과 함께 간단한 보드게임을 하는 것도 육아의 재미입니다. 그런데 게임을 하다 보면 반드시 이겨야만 직성이 풀리는 아이 때문에 곤란해지곤 합니다. 매번 져 주자니 버릇이 없어질까 걱정이고, 그렇다고 부모의 실력대로 해서 이기자니 아이가 씩씩거릴 게 뻔하니까요.

자신의 자아상을 확인하고 있는 아이들에게 이긴다는 것은 곧 '나는 좋은 사람'임을 뜻합니다. 반대로 지게 되면 '나는 형편없는 사람'이라는 생각을 하게 하지요. 그래서 어떻게든 자신을 좋은 사람으로 만들기 위해 지지 않으려고 하고, 지면 그 좌절감에 화를 냅니다. 이런 아이들의 마음을 헤아려 아이와 게임을 할 때 마지막에는 일부러라도 져 주는 것이 좋습니다.

아이가 버릇이 없어지면 어떻게 하냐고요? 아이가 자기만 알면 어떻게 하냐고요? 그런 건 걱정하지 않아도 됩니다. 부모가 "넌 그렇게 잘난 아이가 아니야" 하고 이야기해 주지 않아도 유치원에 가고 학교에 가 다른 사람들을 만나면서 자신에 대해 스스로 더 잘 알게 됩니다.

이런 아이가 있었어요. 어렸을 때부터 할머니로부터 "예쁜 내 새끼"라는 말을 듣고 자란 아이였지요. 객관적인 눈으로 봤을 때는 예쁜 아이가 아니었는데도 말입니다. 아이는 그 말을 100퍼센트 믿고 자신은 정말 예쁜 아이라고 생각하며 자랐습니다. 그런데 유치원에 가면서 이런 믿음이 깨졌습니다. 자기가 보기에도 자기보다 예쁜 아이들이 많았던 것입니다. 유치원에서 돌아온 그 아이가 할머니를 보고 "왜 거짓말을 했어요?" 하며 울었다고 합니다.

이처럼 일부러 아이의 믿음을 깨려 하지 않아도 단체 생활을 하게 되면 아이 스스로 다 알게 됩니다. 학교에 들어가게 되면 엄마 아빠의 평가보다는 학교 친구들이나 선생님이 자신을 어떻게 보고 있는지 더 신경을 쓰게 되고요. 그러므로 지금 이 시기, 집에서 만큼은 아이의 자존감을 하늘 끝까지 올려 주는 것이 중요합니다. 이 시기에 형성된 자존감이 험난한 세상을 살아갈 아주 든든한 힘이 됩니다.

Chapter 1
학습 문제

아이가
학습지만 보면

도망가요

아이들 교육을 시작할 때 제일 먼저 떠올리는 것이 학습지입니다. 학습 분량이 주 단위로 정해져 있고, 정기적으로 선생님이 방문해서 아이들의 상황도 체크해 주고, 일반 학원보다 비용도 저렴하기 때문에 엄마들의 선호도가 높습니다. 그만큼 교육 효과에 대한 기대도 크지요.

하지만 부모들이 기대를 거는 만큼 공부에 효과를 보는 경우는 거의 없습니다. 당장은 아이가 문제를 곧잘 풀어 공부를 잘하는 것처럼 보일 수 있습니다. 그러나 그것이 학습 능력이라고는 절대로 말할 수 없습니다. 이 시기 아이의 뇌는 학습을 할 만큼 발달해 있지 않기 때문입니다.

✽ 학습과 관련한 뇌는 6세 이후에 발달

많은 부모들이 6세 이전에도 아이가 학습지를 풀 수 있고, 그것이 아이 학습에 도움이 되리라 생각합니다. 그러나 앞에서 이야기했듯이 아이의 뇌는 여섯 돌이 지나야 인지적 학습이 가능할 만큼 발달합니다.

워낙 아이의 교육 시기가 앞당겨진 탓에 아무것도 안 하고 있자니 엄마 아빠는 마음이 불안할 수밖에 없지만, 아이의 뇌 발달 과정을 안다면 불안해할 필요가 없을뿐더러, 오히려 안 시키는 편이 낫다고 생각하게 될 것입니다.

뇌가 충분히 발달하지 않은 상황에서 아이가 학습지 공부를 하게 되면 단순한 호기심에 처음 몇 번은 풀어 볼지 몰라도, 어느 정도 지나면 흥미를 잃고 버거워하게 됩니다. 자기 몸에 맞지 않는 옷을 입었을 때 불편한 것과 마찬가지이지요. 특히 "오늘은 여기서부터 여기까지 해야 한다" 하며 강압적으로 공부를 시키면 아이는 당연히 거부 반응을 보입니다.

소심한 아이나 부모의 뜻에 억눌려 자기표현을 제대로 하지 못하는 아이의 경우, 심지어 학습지만 봐도 경기를 일으키는 '학습지 증후군'을 보이기도 합니다. 정식 병명은 아니나 그만큼 학습지로 인한 아이들의 스트레스가 심각하다는 것이지요.

✳ 아이마다 발달 수준이 다릅니다

아이마다 뇌 발달 속도가 다르기 때문에 6세가 되었다고 해서 모든 아이가 비슷한 수준의 학습 능력을 갖추는 것은 아닙니다. 제가 가장 싫어하는 질문 중 하나가 "언제 뭘 시켜야 하나요?" 하는 식의 물음입니다.

이런 질문을 받으면 저는 그 어떤 대답도 해 줄 수가 없습니다. 아이마다 기질과 발달 정도가 모두 다릅니다. 형제라고 예외가 아니고, 한날한시에 태어난 쌍둥이도 마찬가지입니다. 때문에 아이에게 맞는 교육법도 제각각일 수밖에 없습니다. 옆집 아이한테는 큰 성과를 거둔 교육법이 내 아이에게는 치명적인 독이 될 수도 있지요.

그래서 저는 부모들에게 늘 '아이에게 무엇을 시킬지 고민하기 전에 아이의 기질과 발달 과정부터 잘 살피라'고 강조합니다. 만일 유치원이나 어린이집에 아이를 보내고 있다면, 그곳에서 배우는 것을 아이가 잘 따라가는지부터 살펴보세요. 또한 그것이 자발적으로 따라가는 것인지, 강요에 의해 억지로 끌려가는 것인지도 알아야 합니다. 강요에 의한 학습이 계속될 경우, 공부 자체에 대한 흥미를 잃어버려 초등학교에 입학해서 학습을 거부하는 사태가 발생할 수도 있습니다.

아이가 학습을 할 능력이 있고 어린이집이나 유치원에서 하는 교육 프로그램도 무리 없이 따라간다 하더라도, 아이가 학습지 공부를 거부하면 억지로 시켜서는 안 됩니다.

❋ 학습지를 하는 목적을 분명히

얼마 전 병원을 찾은 부모들에게 학습지 공부를 얼마나 시키고 있는지 물어본 적이 있습니다. 백이면 백 안 시키는 사람이 없었습니다. 학습지를 시키는 이유를 물어보니 '그냥 노는 것보다는 나을 것 같아서'라는 대답이 대부분이었습니다. 결국 막연하게 남들 하니까 하는 것이었지요.

'남들이 다 하니까 한다'는 것은 정말 잘못된 생각입니다. 남들이 짚을 안고 불속으로 뛰어들면 그것도 따라 할 건가요? 아이의 인생에 사사건건 간섭하며 교육에 열을 올리는 부모를 보면 때때로 이런 생각이 들곤 합니다.

'과연 누구를 위해서 저 어린 나이에 학습지 공부를 시키는 걸까. 결국 엄마 아빠의 불안을 없애기 위한 방편이 아닐까.'

학습지 공부를 시키기 전에 부모 스스로 아이에게 학습을 시키는 목표가 무엇인지 자문해 볼 필요가 있습니다. 아이가 한글을 술술 읽게 하는 게 목적인지, 어떤 문제에 부딪혔을 때 어렵더라도 해결할 수 있는 자신감을 키우는 것이 목적인지, 사물이나 상황을 잘 이해하도록 하는 것이 목적인지 분명히 해야 합니다. 그래야 아이가 학습지 공부를 잘 따라가지 못할 때, 그만둘 것인지 살살 달래서 시킬 것인지, 아니면 학습지 말고 다른 방법을 찾을지 판단할 수 있습니다.

✳ 엄마와 함께하는 놀이 시간으로 만드세요

학습지 공부가 그저 앉아서 문제를 푸는 것이라면 열에 아홉 아이는 고개를 흔들게 마련입니다. 학습지를 그저 들이밀지 말고 엄마나 아빠가 재미있게 그 내용을 가르쳐 주면 아이가 학습지 공부를 싫어할 확률이 줄어듭니다. 아이에게 재미있는 얘기도 해 주고, 잘하면 상을 주는 등 공부를 하는 시간을 엄마 아빠와 함께하는 즐거운 놀이 시간으로 만들어 보세요. 공부하는 동안 부모와 좋은 관계를 맺을 수 있으면 아이는 행여 문제를 푸는 것이 지겹더라도 그 즐거움을 위해 참게 됩니다.

공부하는 시간을 놀이 시간으로 만들어 줄 자신이 없는 엄마라면 과감히 학습지를 끊어야 합니다. 이 시기의 아이들에게는 노는 것이 곧 지능 발달로 연결되니 차라리 아이가 하고 싶은 것을 하며 놀 수 있도록 도와주는 것도 나쁘지 않습니다.

✻ 아이 기질에 따른 학습지 선택법

아이가 배우고 싶어 하고, 부모도 아이의 인지 교육에 신경을 쓰고 싶다면 놀이 차원에서 조금씩 학습지 공부를 할 수도 있습니다. 이때 아이 기질에 맞는 학습지를 선택하면 실패할 확률이 줄어듭니다.

① 수줍음이 많은 아이

수줍음이 많은 아이는 일주일마다 한 번씩 학습지를 체크해 주는 선생님도 낯설어 할 수 있습니다. 그러므로 온라인 학습지 등을 이용해 엄마 아빠가 직접 가르치는 것이 좋습니다.

② 활발한 아이

활발한 아이는 다른 아이와 함께 공부하며 경쟁을 즐길 수 있는 환경을 좋아합니다. 따라서 친구들과 함께 공부하는 것이 효과적일 수 있습니다.

③ 주의가 산만한 아이

주의력이 부족한 아이는 학습지 선택만큼이나 공부를 가르치는 선생님의 선택이 중요합니다. 미리 선생님에게 아이의 특성을 이야기하고 상의하는 것이 좋습니다.

④ 엄마와 호흡이 잘 맞는 아이

　엄마를 유독 따르는 아이는 방문 선생님이 없는 학습지를 선택해 엄마와 아이가 함께 놀면서 공부하도록 합니다.

아이를
가르칠 때마다
속이 뒤집혀요

　'모성=교육'이 엄마 노릇의 기본 등식처럼 되어 버린 세상에서
아이 교육을 등한시한다는 것은 '간 큰 엄마'나 할 수 있는 일입니
다. 그런데 문제는 아무리 가르쳐도 아이들이 잘 따라 주지 않는
다는 것입니다. 아무리 어르고 달래도 부모가 원하는 만큼, 부모가
이끄는 대로 따라오지 않는 아이들. 부모 입장에서는 정말 속상할
수밖에 없지요.

✿ 인정받지 못하는 아이는 부모를 따르지 않습니다

놀이터에서 아이 둘이 뛰어놀고 있습니다. 비둘기들이 날아와

계단 위에 앉자, 그것을 본 아이들이 계단을 뛰어오르다 넘어져 울음을 터트립니다. 그러자 두 엄마가 헐레벌떡 뛰어옵니다.

"그러게 엄마가 높은 데 올라가지 말라고 했지!"

한 엄마가 아이를 잡더니 엉덩이를 철썩 때리며 혼을 냅니다. 엄마에게 맞은 아이는 계속 악을 쓰며 웁니다.

"뚝 그쳐, 뚝! 얼른!"

엄마가 윽박지르자 아이는 기가 질려 울음을 삼킵니다. 그런데 다른 한 아이의 엄마는 이와 대조적입니다.

"괜찮아. 넘어져서 아팠구나. 비둘기를 만져 보고 싶어서 그랬지? 그런데 비둘기가 하늘로 날아가 버렸네. 그런데 저기 또 비둘기가 왔다."

아이가 우는 이유를 자기가 말해 주고, 아이에게 더 이상 울 틈을 주지 않으려는 듯 관심을 다른 곳으로 돌리는 엄마. 아이는 어느새 울음을 뚝 그치고 이야기합니다.

"엄마, 비둘기 보러 같이 가자."

이 두 엄마의 차이는 무엇일까요? 둘 다 아이의 울음을 그치게 하려는 목표는 같았습니다. 그러나 한 엄마는 "울지 마"라고 하며 억지로 울음을 그치게 했고, 다른 엄마는 아이의 기분을 받아 주면서 울음을 그치게 했습니다.

두 아이 모두 울음을 그치기는 했지만 표정은 정반대입니다. 한 아이는 좌절감에 어두운 얼굴을 하고 있고, 다른 한 아이는 비둘기를 향해 눈을 반짝거립니다.

　두 아이 중 누가 더 정신적으로 건강하게 자랄까요? 물론 자신의 기분을 이해받은 아이입니다. 아이뿐 아니라 엄마의 정신 건강에도 차이가 있지요. 아이를 혼낸 엄마는 아이가 자신의 말을 따르지 않은 것에 대해 짜증이 나고 실망한 반면, 아이를 달랜 엄마는 아이가 금방 울음을 그치고 기분이 좋아져서 다행이라고 즐거워합니다. 즐거운 마음으로 아이를 더욱 살갑게 대할 수 있는 사람은 후자겠지요.

　엄마의 양육 태도에 따른 이 같은 차이는 아이 학습에서도 나타납니다. 자신의 행동을 엄마로부터 인정받지 못한 아이는 엄마가 아무리 '재미있는 것'이라고 이야기해도 쉽게 믿지 않습니다. 그래서 하기 싫은 반응을 보이고, 그러다 엄마의 강압에 못 이겨 억지로 시작하지요.

　반면 자신의 감정을 엄마에게 인정받은 아이는 엄마가 무엇을 가르치려고 하면 일단 해 보려는 마음을 먹습니다. 왜냐하면 '나를 인정해 주는' 엄마가 권하는 것이기 때문입니다. 그래서 무엇이든 재미있게 배우고, 그런 만큼 실력도 쑥쑥 늡니다.

　부모가 가르치는 대로 아이가 따르지 않을 경우 먼저 아이와 충분히 감정적 교류를 하고 있는지 등 엄마의 양육 태도부터 따져 봐야 합니다. 부모와 아이의 관계가 좋으면 교육은 크게 고민하지 않아도 자연스럽게 이루어집니다.

❋ '모성=교육'이 아니라 '모성=공감'

엄마들은 자꾸 아이에게 뭔가를 보여 줘야 하고, 무언가를 가르쳐야 한다는 강박관념이 있습니다. 그러다 보니 아이의 행동을 아이의 시각에서 이해하는 일은 뒷전이 되기 쉽습니다. 그러나 진정한 모성은 '교육'이 아니라 '공감'입니다. 아이의 마음을 함께 느끼는 것, 감정을 함께 나누고 기뻐하는 것이 먼저이지요. 버릇을 들이고 공부를 시키는 것은 그다음 문제입니다.

아이가 뭔가를 만들었을 때 그게 아무리 하잘것없어도 엄마가 마음을 담아 칭찬을 해 주면 아이는 신이 나서 새로운 것을 궁리하게 됩니다. 하지만 "애개, 이게 뭐야"라고 하면 좀 더 나은 방향으로 움직일 에너지를 잃고 맙니다. 공감의 유무가 이렇게 큰 차이를 낳는 것이지요.

아이가 만일 모래를 보고 즐거워하면 "모래보다 블록이 깨끗하고 더 좋잖아"라고 말할 게 아니라 "와, 모래 놀이하면 정말 재밌겠네"라고 말해 주어야 합니다. 아이의 지적 능력이 높으면 높은 대로, 낮으면 낮은 대로 아이의 눈높이에 서서 공감해 주는 것. 바로 그것이 지금 엄마들이 갖추어야 할 능력입니다.

물론 뭐라도 빨리 가르쳐야만 할 것 같은 강박관념에 휩싸인 엄마의 심정을 모르는 건 아닙니다. 하지만 아이가 배움을 지겹고 하기 싫은 것으로 기억하게 해서는 안 됩니다. 배우는 즐거움만큼 인생에서 큰 즐거움도 없다는데, 아이가 그 즐거움을 느낄 수 있게 도와줘야 하지 않을까요?

☀ 선생님 노릇을 과감히 그만두세요

부모는 선생님이 아닙니다. 부모가 아니어도 아이를 가르칠 사람은 많습니다. 하지만 완전히 아이의 편에 서서 공감해 줄 사람은 엄마 아빠밖에 없습니다. 아이가 뭔가에 서툴러도 '이 세상에서 제일 잘한다'라고 자신감을 심어 주고, 철저히 아이의 편이 돼 줄 사람이 바로 부모라는 이야기지요. 부모가 의도적으로 무언가를 자꾸 가르치려고 들면 아이에게 남는 것은 정서적 결여뿐입니다. 자아상을 많이 손상당해 스스로를 '뭐든지 잘 못하는 아이'로 생각하게 되지요.

사실 아이들은 보통 초등학교 2~3학년만 돼도 엄마의 평가보다 선생님과 친구의 평가에 더 신경을 씁니다. 다시 말해 엄마가 아니어도 아이에게 객관적인 평가를 내려 줄 사람은 많다는 것이지요. 그러니 굳이 부모가 아이를 잘 가르쳐야 한다는 강박관념에 빠져 아이를 객관적으로 평가하며 아프게 하지 마세요. 오히려 잘 못해도 잘하는 것처럼 기뻐해 주면 아이들은 자신감을 얻게 되고, 부모를 좋아하게 됩니다. 그러면 자연스럽게 부모의 기대에 어긋나지 않기 위해 노력하게 되고요.

아이를 가르쳐야 한다는 생각을 버리세요. 그리고 아이가 새로운 것을 발견했을 때, 혼자 힘으로 모래성을 쌓았을 때 아이가 느끼는 환희와 즐거움을 함께 느껴 보세요. 당신은 아이에게 이 세상에 하나밖에 없는 엄마이니까요.

아이가

수 개념이

없는 것 같아요

"○○야. 100원에 100원을 더하면 얼마지?"

"응. 100원 두 개."

"그럴 때는 200원이라고 하는 거야. 다시 해 보자. 100원에 100원을 더하면 얼마지?"

"음……. 100원이 두 개인 것 맞잖아."

수 개념을 억지로 가르치려는 부모들이 많습니다.

하지만 수 개념이란 숫자를 익힘으로써 생기는 것이 아닙니다. 생활 속에서 사용되는 수를 알아가면서 기본적인 수 개념이 형성되지요. 이 바탕 없이 숫자만 외우는 것은 아무런 의미가 없습니다. 수학 공부는 이렇게 생활에서 시작해야 합니다.

일반적으로 5세가 되면 평소 생활을 통해서 기본적인 수 개념이 형성됩니다. 숫자를 정확히 세지는 못하더라도 시계나 달력 등을 보며 숫자가 무엇이고, 그것이 생활 속에서 어떻게 적용되는지 깨닫게 되지요.

이 시기에는 1부터 100까지 앵무새처럼 무작정 세는 게 중요하지 않습니다. 10까지 세더라도 그것이 무엇을 의미하는지 아는 게 더 중요합니다. 사탕을 먹을 때 "하나, 둘, 셋, 넷" 하고 세면서 먹는 아이가 있는 반면, 숫자는 100까지 입으로 정확하게 말하면서 생활 속에서는 전혀 숫자의 의미를 이해하지 못하는 아이도 있습니다.

우선 내 아이가 생활 속에서 어느 정도 수를 파악하고 있는지 알아봐야 합니다. 만일 이런 파악 없이 부모 욕심에 수를 읽고 쓰는 것만 강요한다면, 아이는 그저 '1, 2, 3, 4'만 외는 앵무새가 되고 맙니다. 그 숫자가 무얼 뜻하는지도 모르고 말입니다.

✱ 수 개념 형성 놀이를 하세요

차라리 이럴 때는 수 개념 형성 놀이를 하는 것이 더 효과적입니다. 말 그대로 놀면서 자연스럽게 수 개념을 깨우쳐 주는 것이지요. 저는 어린 정모와 함께 '우노게임(Unogame)'이라는 카드놀이를 즐겨 했습니다. 재미있게 놀다 보니 아이가 어느새 순서에 대한 개념은 물론, 간단한 연산도 할 줄 알게 되더군요. 게임에서 이기려면 수를 세고 더하고 뺄 줄도 알아야 했으니까요. 승부욕이 강한 정모에게는 더할 나위 없이 좋은 놀이이자 학습이었던 것입니다. 제 입장에서는 아이와 재미있게 놀면서 숫자도 알려 줄 수 있어 좋았지요.

부모가 어떻게 지도하느냐에 따라 아이는 숫자를 제대로 이해할 수 있기도 하고, 단순한 기호로만 인식할 수도 있습니다. 그러므로 엄마 아빠는 어떻게 하면 아이에게 수 개념을 자연스럽게 알려 줄 수 있을지 궁리해야 합니다.

예를 들어 아이가 퍼즐 놀이를 하면 부분과 전체를 인식할 수 있고, 그림 카드나 여러 가지 물건을 모아 놓고 용도에 따라 나눠 보면 분류와 집합의 개념을 이해할 수 있습니다. 아이의 키와 몸무게를 잰 후 각각 몇 센티미터이고 몇 킬로그램인지 알려 주면, 아이는 모든 사물은 기준을 가지고 측정한다는 사실을 알게 되고, 더불어 측정과 관련한 수학 용어도 알게 됩니다.

아이와 함께 가게에 가서 물건을 고르게 한 후 직접 돈을 내고 거스름돈을 받게 하면 덧셈과 뺄셈은 물론 돈의 단위도 알게 되지요. 식탁을 차릴 때 차례대로 수저를 놓게 하면 사물의 규칙성과 패턴을 익히게 됩니다. 공놀이를 하면서도 숫자를 알려 줄 수 있어요. 공을 주고받으며 하나씩 숫자를 세는 것입니다. 아이는 자기가 몇 번 던졌는지, 아빠가 몇 번 던졌는지, 합하면 모두 몇 번인지 등을 말해 보면서 계산 능력도 키울 수 있습니다.

효과적으로 수 개념을 가르치는 방법

●아이에게 너무 많은 것을 바라지 않는다
수를 세고, 덧셈 뺄셈을 하는 것이 부모에게는 너무 쉬운 것이지만 아이에게는 추론과 개념 이해가 필요한 어려운 일입니다. 그러므로 수학 공부에 너무 욕심을 내지 않도록 합니다.

●놀이로 가르친다
어떤 학습지로 가르쳐야 할지 고민하기보다는 어떤 놀이로 가르칠지 고민하는 것이 바람직합니다. 재미있는 교구나 교재가 없다면 단추, 바둑알, 구슬 등 우리 주변의 사물을 이용해 보세요.

●눈과 손을 함께 이용한다
아이가 수를 시각적으로 이해하도록 도와주는 것이 좋습니다. 주변에 있는 사물들을 아이가 직접 보고 손으로 만져 보게 하는 것이 그 시작입니다.

●수를 외우게 해서는 안 된다
수는 1, 2, 3 등의 문자를 익히는 것이 아닙니다. 수에는 비교, 분류, 대응 등 다양한 의미가 포함되어 있습니다. 그러므로 아이가 생활 속에서 수를 이해할 수 있도록 가르쳐야 합니다.

●용어보다는 쓰임새를 알게 한다
동그라미를 알려 줄 때 '동그라미'라는 도형의 용어보다는, 자동차 바퀴가 동그라미 형태라고 알려 주는 게 좋습니다. 또한 그로 인해 차가 잘 굴러 가게 된다는 것을 이야기해 주면 아이는 형태뿐 아니라 그 특성도 알게 됩니다.

●쉽고 정확한 언어를 사용한다
아이에게 어려운 개념을 들려주기보다 기본 개념을 정확하고 쉽게 말해 주어야 합니다. 예를 들어 도형에 대해 설명할 때는 삼각형은 뾰족한 곳이 세 곳이 있고, 사각형은 뾰족한 곳이 네 곳이 있다는 식으로 표현해 주는 것이 좋습니다.

무엇을 배우든
쉽게 그만둬 버려요

　피아노 학원에 다니게 했더니 얼마 안 가 그만두겠다고 하고, 학습지 푸는 것도 처음에는 잘하다가 며칠 지나면 하기 싫다고 몸을 꼬는 아이들. 싫어하는데 시킬 필요가 있나 싶어 아이 스스로 하겠다고 나설 때까지 기다려 보지만 아이는 아무런 움직임을 보이지 않습니다. 무엇을 배우든 찔끔찔끔 맛만 보고 쉽게 그만두는 아이를 어떻게 바로잡아야 할까요?

✱ 흥미도 싫증도 잘 내는 시기

　이 시기 아이들은 새로운 것에 흥미를 느끼다가도 금방 싫증을 내는 특징을 보입니다. 다른 아이가 피아노를 치는 것을 보고 자기도 하겠다고 나서지만 막상 시켜 주면 금방 안 하겠다고 합니다. 또 도복을 입고 다니는 형이 멋있다며 태권도를 하겠다고 조르지만 이 역시 오래 못 갑니다. 이는 아이 탓이 아닙니다. 이 시기 아이들의 특징을 고려하지 않고 단순히 '하고 싶다'는 아이의 말에 무턱대고 교육을 시킨 결과이지요.

피아노, 태권도, 미술 등 아이가 받는 대부분의 교육은 반복 학습을 해야 하는 것들입니다. 배운 것을 지루할 만큼 반복해서 익혀야 실력이 늘지요. 그러다 보니 아이는 처음에는 반짝 호기심을 갖다가도 배우는 과정에서 쉽게 지루함을 느낍니다. 초등학생 정도만 돼도 이 지루함을 참고 견딜 수 있지만 5~6세 아이들은 아직 자신의 욕구를 억제할 만큼 성숙하지 못합니다.

✷ 쉽게 그만두면서도 칭찬받고 싶어 한다면?

얼마 전 6세 여자아이 엄마로부터 상담 전화를 받았습니다. 미술을 하고 싶다고 해서 시켰더니 5개월 만에 그만두고, 피아노 역시 한 달 만에 그만두고, 그 후로도 몇 번 다른 것을 해 보다가 금방 그만두었다고 해요. 그러면서도 아이는 엄마 아빠나 선생님으로부터 잘한다는 칭찬을 듣고 싶어 한다고 했습니다. 무엇이든 배우기 시작할 때는 자기 자랑을 늘어놓으며 칭찬을 요구해서, "정말 잘하네" 하고 인정해 주면 그만두는 식이란 것이었죠. 오래 배우면 더 많이 칭찬을 받을 수 있다고 해도 아무 소용이 없다고 했습니다.

아이가 무엇을 하든 금방 그만두면서도 칭찬받고 싶어 한다면 아이의 속마음부터 알아보아야 합니다. 저는 그 엄마에게 먼저 아이가 새로운 걸 배우는 것 자체를 좋아하는지, 그것을 통해 인정받기만을 원하는 것인지 살펴보라고 했습니다. 아이가 호기심이 많아 이것저것 해 보고 싶은 게 아니라, 오직 칭찬을 받고 싶어 그러는 것이라면 심리적인 문제가 있을 수 있습니다. 아이는 스스로 무언가가 부족하다고 느낄 때, 칭찬으로 보상받으려 하기 때문입니다.

아이에게 부족한 것이 무엇인지 구체적으로 따져 보고, 그것을 채워 줘도 별반 나아지지 않는다면 뭔가를 배웠다 그만두는 행동을 저지시킬 필요가 있습니다. 학습 자체에 재미를 느끼지 못하고 오로지 칭찬을 받기 위해 계속 무언가를 배운다면, 아이의 자연스러운 학습 발달을 망치기 때문입니다.

✺ 부모의 욕심이 너무 앞선 것은 아닌가요?

아이들은 부모의 표정과 말투만으로도 부모가 자신을 어떤 마음으로 대하고 있는지 귀신같이 알아챕니다. 부모가 교육을 시키며 아이가 잘하기만을 바랄 경우 아이들은 심리적 부담을 갖게 됩니다. 그래서 일단 시작은 하지만 부모의 기대만큼 잘하지 못한다고 생각하면 그만두고 싶어 하는 것이지요.

아이가 아무것도 안 하고 있으면 불안해지는 것은 엄마입니다. 그래서 이것저것 새로운 배울 거리를 제공하게 되고, 엄마의 이런 바람을 아는 아이는 어쩔 수 없이 또 시작을 하지요. 하지만 그것이 아이의 적성에 맞거나 좋아해서 하는 것이 아니라면 조금 하다가 그만두는 악순환이 생깁니다.

이럴 때는 과감하게 그냥 내버려 두는 지혜가 필요합니다. 실패의 경험을 계속 쌓느니 아예 아무것도 하지 않는 게 낫습니다.

✱ 학습 동기가 있어야 꾸준히 합니다

아이가 무엇이든 한 가지를 오랫동안 즐겁게 배우지 못하는 것은 학습 동기를 찾지 못해서일 수도 있습니다. 연세대학교 조한혜정 명예교수는 "아이가 먼저 동기를 갖기 전에 미리 부모들이 무엇인가를 끊임없이 제공하면, 아이는 하고 싶고 되고 싶은 게 없고 무엇이든 끈기 있게 하지 못할 수 있다"고 이야기했습니다.

그러므로 아이에게 아무것이나 무작정 시키지 말고 아이가 좋아하는 것을 잘 관찰한 후 그것을 하게 하는 것이 좋습니다. 억지로 시키면 "우리 아이는 무엇을 배우든 쉽게 그만둬 버려요"라는 말을 당연히 하게 됩니다. 아이가 무엇에 흥미를 가지면 격려해 주고, 거기에서 아이디어를 얻어 점차 다른 것을 접목시켜 가는 지혜가 필요합니다.

❋ 고비를 잘 넘길 수 있도록 도와주세요

아이들은 자신이 좋아하고, 할 수 있는 범위 내에 있는 것은 쉽게 익힙니다. 그러나 그 범위를 벗어나면 흥미를 잃고 그만두려고 하지요. 피아노를 배울 때, 한 손으로 간단한 곡을 연주하는 것까지는 잘 따라 하지만 양손으로 쳐야 한다거나 곡이 어려워지면 포기하는 것이 그 예입니다. 이때 아이의 뜻대로 그만두게 하면 아이는 나중에 조그만 난관이 생겨도 회피하게 됩니다.

아이가 잘하던 것을 어렵다며 그만두려고 할 때는 곧바로 그 요구를 들어주기보다는 아이가 고비를 잘 넘길 수 있도록 도와주세요. 계속 격려해 주면서 진도를 늦추거나 잠깐 쉬게 하는 등 세심하게 배려해 주세요. 어려운 고비를 잘 넘긴 경험은 아이가 다른 일을 할 때도 자신감을 갖게 하는 약이 됩니다.

Chapter 2

현명한 교육

조기교육,
정말 안 시켜도 될까요?

대한민국 부모들 중 조기교육의 유혹에서 자유로운 부모는 없습니다. 아이가 한두 살 때야 그저 건강이 최고라고 생각하다가도 커가는 아이를 보면서 무엇을 가르쳐야 할지 점점 고민이 많아지지요. 좋다는 교육은 왜 이리 많고, 지금 안 가르치면 안 된다고 겁을 주는 사람들은 왜 이리 많은지요. 조기교육, 과연 얼만큼 효과가 있을까요?

✳ 정상인 아이를 문제 있는 아이로 몰아가는 조기교육 현실

얼마 전 여섯 살 아들을 둔 한 엄마에게서 메일을 받았습니다. 조기교육에 부정적인 입장이라는 그 엄마는 아이가 여섯 살이 되면서 방문 학습지 하나를 시켰다고 합니다. 처음 학습지를 해 봐서 그런지 아이가 선생님을 너무 좋아했다고 해요. 그것만으로도 됐다 싶어 진도나 숙제 따위는 신경을 쓰지 않았다고 하더군요.

그런데 선생님이 진도가 느리고 아이가 받아들이는 속도도 느리다며 전문의 상담을 받아 보라고 했답니다. 인지 장애 같은 심각한 병명까지 들먹이면서 말이지요. 그 엄마 말로는 아이는 글자를 잘 몰라도 동화책을 읽어 주면 무척 좋아하며, 자기가 궁금한 것은 꼭 질문을 하고, 유머 감각도 있어 엄마 아빠를 즐겁게 해 준다고 합니다. 하지만 그 선생님 말대로 엄마는 아이에게 정밀 검사를 받게 해야 하는지 심각한 고민에 빠졌습니다. 자신이 그동안 너무 안 일하게 아이를 키운 것인지도 모른다는 자책감도 느끼면서 말이지요.

제가 진료를 해 보니 전혀 문제가 없는 아이였습니다. 엄마 역시 아이의 성장 발달을 충분히 고려하며 아이를 키우고 있어, 이대로만 계속되면 언제 그랬냐는 듯 재능을 꽃피울 가능성이 충분한 아이였지요.

하지만 잘못된 조기교육 풍토가 이렇듯 멀쩡한 아이들까지 문제 있는 아이로 몰아가고 있습니다. 누가 정했는지도 모르는 기준에 아이들을 끼워 맞추고 잘하면 영재, 못하면 문제로 판단하는 것이지요. 이런 어른들의 횡포에 상처받는 것은 바로 아이들입니다.

✽ 과도한 조기교육, 발달 장애를 가져올 수 있습니다

발달 장애에는 여러 가지 원인이 있지만 최근에는 조기교육으로 인한 스트레스도 주요 원인으로 판명되고 있습니다. 실제로도 조기교육으로 인해 사회성이나 정서 발달에 이상이 있어 병원을 찾는 아이들이 급증하고 있지요. 아이의 집중력과 지적 능력에는 한계가 있는데 지적인 교육에 치중하다 보니 그 나이에 이루어져야 하는 사회성 발달이나 정서 발달이 제대로 이루어지지 못하는 것이지요.

또한 스트레스를 많이 받으면 뇌에서 기억력을 담당하는 해마라는 부위가 줄어든다는 연구 결과도 나와 있습니다. 그러므로 조기교육은 아주 신중하게 선택해야 합니다.

✽ 늦게 재능을 발휘하는 'Late Bloomer'

세계적인 물리학자 아인슈타인, 엑스선을 발명한 뢴트겐, 영국의 위대한 정치가 처칠, 세균학의 선구자 파스퇴르, 발명왕 에디슨. 이런 위인들의 공통점이 무엇일까요? 바로 유년 시절 공부를 못한 것은 물론이고, 발육 부진에 학습 장애, 심지어 미숙아였다는 점입니다. 그런데 지금은 각 분야에서 최고의 위인으로 손꼽히고 있지요.

이들이 어린 시절에는 '지진아'에 속했던 것은 결코 우연의 일치가 아닙니다. 우연이라고 하기에는 눈에 띄는 공통점이 있지요. 어릴 때는 아주 모자란 아이였다는 점, 그래서 어느 누구도 이들에게 기대를 하지 않았다는 점, 그런데 어느 순간 갑자기 능력을 드러냈다는 점 등이 바로 그것입니다.

여기에는 과학적인 해답이 있습니다. 이들은 이른바 'Late Bloomer(늦게 꽃피는 아이)'라는 것이지요. Late Bloomer는 어렸을 때는 별 볼일 없다가 자라서 자신의 능력을 발휘하는 사람들을 말합니다. 통계를 살펴보면 Late Bloomer들이 영재보다 훨씬 많다고 합니다. 그런데 조기교육 열풍은 이런 Late Bloomer에게 치명적입니다. 스스로 꽃을 피울 때까지 부모와 교육기관들이 도대체 그냥 내버려 두지 않기 때문이지요. 다른 아이들에 비해 뒤떨어진다는 평가에 맞춰 교육이 들어가면서 Late Bloomer들은 그 시작부터 고통을 겪습니다.

Late Bloomer들은 다그치면 다그칠수록 꽃은커녕 싹조차 제대로 틔우지 못하게 됩니다. 사회적 편견과 조기교육 열풍에서 이런 Late Bloomer를 보호하는 것은 바로 부모의 몫입니다. 아이가 뒤처진다고 걱정하지 마세요. 세상의 모든 아이에게는 Late Bloomer의 가능성이 있고, 이것을 살려 주는 것은 부모의 책임이자 기쁨입니다.

아직 학교에 들어가지 않은 아이를 두고 가르쳐야 할 게 너무 많다고 고민하는 것은 마치 상식처럼 널리 퍼진 조기교육과 관련한 주장들 때문이 아닌가 싶습니다. 조기교육의 허와 실, 분명히 알고 넘어갈 필요가 있습니다.

① 인간의 뇌는 3세 이전에 완성된다?

이는 겨우 옹알이를 하는 아이에게 이런저런 교재 교구를 들이 밀고 있는 유아용 교재 교구 회사들의 대표적인 주장입니다. 인간의 뇌는 워낙 복잡하고 신비해서 그 변화와 발전이 어떤 형태로 이루어지는지 완전히 밝혀지지 않았습니다. 그렇지만 과학적으로 증명된 자료를 보면 인간의 뇌가 3세 이전에 완성된다는 것은 분명 잘못된 이론이며, 사춘기까지 계속 변화와 발전을 거듭한다고 합니다.

또 하나 확실한 것은 어린 시절 뇌 발달에 있어 시각, 청각, 촉각과 같은 감각 경험이 중요하다는 것입니다. 그런데 시각이나 청각 장애를 가진 아이들은 세상을 받아들이는 감각 기관에 장애가 있어도 일정 시기가 되면 세상에 대한 심상(心像)을 갖게 됩니다. 즉 시청각적 자극이 없는 상황에서도 세상을 인식할 수 있다는 뜻입니다. 그래서 인간의 뇌에 어떤 외부적인 자극 없이도 발달해 가는 기능이 있는 것으로 추론하는 발달론자들도 많습니다.

② 유아기에 아이의 잠재력을 개발해야 한다?

현재까지 진행된 뇌 발달 연구를 보면 다음과 같은 결론을 내릴
수 있습니다.

'뇌가 어떻게 발달하는지, 뇌를 인위적으로 개발하는 것이 가능
한지는 아직까지 확언할 수 없다.'

우리가 아직은 알지 못하는 뇌의 능력이 바로 잠재력입니다. 유
아용 교재 교구 회사들이 주장하듯이, 교재 교구와 교육 프로그램
으로 개발할 수 있는 것이라면 이미 잠재력이라 할 수 없을 것입니
다. 잠재력이란 말 그대로 숨어 있는 능력, 그래서 언제 어떻게 나
올지 모르는 능력입니다.

세균학 연구의 선구자 파스퇴르는 그가 스무 살 때까지만 해도
자신은 화가가 될 것이라고 생각했습니다. 더군다나 그의 대학 시
절 화학 성적은 20명 중 15등이었습니다. 이처럼 잠재력의 실체가
어떤 것인지도 모르는데 어떻게 잠재력을 개발할 수 있다고 하는
지 답답하기만 합니다.

③ 유아기에 학습 자극을 주어야 좋다?

조기교육 옹호론자들은 갓난아이 때부터 다양한 학습 자극을 주
어야 한다고 주장합니다. 하지만 발달론자들은 유아기에 함부로

자극을 주는 것이 아이의 자연스러운 뇌 발달을 막고 잠재력마저 갉아먹을 수 있다고 이야기합니다. 유아기의 뇌는 어떤 외부적인 자극에 의해 발달하는 것이 아니라 스스로에게 필요한 자극을 찾아가며 발달합니다. 기어 다니는 아이들이 이것저것 들쑤시며 만져 보려 하는 것이 바로 그런 행동입니다. 따라서 유아기에는 이런 행동을 방해하지 말고 그냥 가만히 내버려 두어도 충분합니다. 현재까지는 아이들의 뇌 발달 과정이 정확히 밝혀지지 않았으므로 차라리 안 건드리는 것이 좋습니다.

④ 아이가 남보다 뒤처지면 일단 가르쳐야 한다?

발명왕 에디슨은 초등학교에 입학한 지 3개월 만에 퇴학을 당했습니다. 학교 공부를 하기에는 지능이 모자라는 것 같다는 선생님의 판단에 따른 것이었습니다. 그런데 그때 에디슨의 어머니가 다른 아이들보다 뒤처지면 안 된다는 생각에서 에디슨을 다그치고 이런저런 교육을 시켰다면 과연 '발명왕' 에디슨이 탄생할 수 있었을까요?

저는 아니라고 생각합니다. 에디슨이 평생 발명에 매진하고 훌륭한 발명품을 만들 수 있었던 원동력은 그의 재능이라기보다 주변의 시선으로부터 에디슨을 보호하고, 격려해 주며 끝까지 기다려 준 어머니의 사랑이었습니다. 어머니로부터 세상에 대한 믿음과 자신감을 얻었기 때문에 그 힘을 기반으로 연구에 몰두할 수 있었던 것입니다. 그러니 제발 다른 아이와 비교하여 무리한 조기교육을 감행하는 우를 범하지 않았으면 하는 바람입니다.

✳ 배운 것을 되짚어 볼 수 있는 시간적 여유도 중요

새로운 것을 습득함에 있어서는, 응용 발전이 가능하도록 배운 것을 완전히 내 것으로 만드는 시간적·정신적 여유가 필요합니다. 그런데 국어 끝나면 영어, 영어 끝나면 태권도, 태권도 끝나면 피아노…… 이렇게 쉴 틈 없는 일정은 아이 스스로 뭔가를 받아들이고 재미를 느낄 여유를 앗아갑니다.

아이의 능력이 아무리 뛰어나도 주변의 자극을 받아들이고 제 나름대로 소화할 수 있는 양은 이미 정해져 있습니다. 그 양을 초과할 경우 아무리 공부를 시켜도 밑 빠진 독에 물 붓기가 됩니다. 부모 생각에 약간 부족한 듯 가르치는 것이 가장 좋습니다. 그렇게 여백이 생겨야 아이가 배운 것을 갖고 혼자 궁리도 해 보고, 생활과 연결도 해 보면서 자기 것으로 만들 수 있습니다.

함께 길을 가던 아이가 갑자기 가게 간판을 읽어 엄마를 놀라게 했던 기억이 한 번쯤은 있을 것입니다. 제대로 가르친 적도 없는데 "저거 '소'자 맞지?" 하며 이야기를 한다면, 그것이 바로 아이 스스로 생각할 시간을 가진 결과입니다. 언젠가 책에서 본 글자를 계속 기억하고 있다가 불현듯 생활에 적용하는 게 아이들의 특성이지요. 그래서 여러 가지 교육을 시키기보다는 한 가지라도 충분히 배우고 익힐 시간을 주는 것이 더욱 중요합니다.

사교육,

무얼 시켜야 하나요?

국어, 영어, 수학은 기본이고 피아노, 바둑 등 예닐곱 가지씩 배우는 아이들이 있습니다. 그 교육을 따라가는 아이도 놀랍지만, 그일정을 일일이 관리하는 부모도 대단하다는 생각이 듭니다. 그런데 더 놀라운 것은 이런 아이가 우리 주변에 생각보다 많다는 것입니다.

✱ 무조건 아이가 좋아하는 것을 시키는 것이 정답

시킨다고 다 잘하게 된다면 교육이 어려울 까닭이 없지요. 발달의 적기에 아이와 궁합이 맞는 교육을 하는 것. 이것이 부모의 최대 숙제입니다.

5~6세 아이를 키우는 부모들 중 상당수가 "사교육으로 무얼 시켜야 하나요?"라는 질문을 합니다. 아마 내심 "영어는 꼭 해야 하고요, 예체능도 어릴 때 아니면 할 시간이 없으니 힘닿는 데까지 시켜 주세요" 하고 가르칠 과목을 콕콕 짚어 주길 바랄 것입니다. 하지만 아이들마다 타고난 기질이 다르고 뇌 발달 속도가 다른데, 어떻게 일률적으로 가르쳐야 할 것들을 정해 줄 수 있겠습니까.

그렇다면 내 아이에게 지금 무엇을 가르쳐야 할까요? 아주 쉬운 방법이 있습니다. 무조건 아이가 좋아하는 것을 시키면 됩니다. 기질이니 뇌 발달이니 해서 어렵게 생각하지 말고 그저 아이가 원하는 것, 하고 싶어 하는 것을 시키면 된다는 말이지요.

아이가 어떤 것을 좋아한다면 아이의 뇌가 그 학습을 받아들일 준비가 되었다는 뜻이고, 아이의 기질에 맞는 관심 분야가 생겼다는 뜻입니다. 그러므로 그것을 하게 해 주면 뇌 발달이 촉진되고 높은 학습 효과도 기대할 수 있습니다.

✦ 싫어하는 것이 무엇인지도 꼭 따져 보세요

아이가 좋아하는 게 있으면 싫어하는 것도 있게 마련입니다. 이때는 무엇을 싫어하며 왜 싫어하는지 그 이유를 알아보는 것이 굉

장히 중요합니다. 그런데도 대부분의 부모가 아이가 좋아하는 건 금세 알지만, 싫어하는 것에는 별로 관심을 갖지 않습니다. 왜 싫어하는지, 일시적으로 싫어진 것인지, 아니면 심각한 문제가 있어 기피하는 것인지 깊이 생각하려 하지 않습니다.

아이가 싫어하는 것을 파악하는 일은 초등학교 입학 후의 학습에 큰 도움이 됩니다. 아이가 학교에 들어가면 자기가 하고 싶은 것만 하고, 하기 싫은 것은 안 할 수 없습니다. 싫어하는 것은 미리미리 그 원인을 찾아 해결해 주어야 합니다. 이런 작업은 학습 태도의 기본 바탕을 마련하는 일임과 동시에 아이의 성향을 파악하는 데도 중요합니다.

아이가 싫어하는 것에는 반드시 그럴 만한 이유가 있습니다. 아이의 기질과 맞지 않아서일 수도 있고, 아이가 그것을 받아들일 능력이 되지 않을 때도 그럴 수 있습니다. 그것을 할 만한 동기가 없어서일 수도 있지요. 어쨌거나 아이가 특정한 무엇을 싫어한다는 것은 아이가 어려움을 느끼고 있다는 뜻입니다. 이때는 어려움의 원인을 찾아 없애 주어야 합니다.

아이를 영어 유치원에 보낸 엄마가 찾아온 적이 있습니다. 아이가 어느 날부터 갑자기 유치원에 안 가겠다고 했답니다. 집에서 영어 동화책을 읽어 주고, 영어로 된 동요를 들려줄 때 너무 좋아하고 잘 따라 해서 영어 유치원에 보냈는데 지금은 영어를 싫어한다는 것이었어요.

상담한 결과 아이는 영어 유치원의 미국인 선생님을 무서워하고 있었습니다. 기질상 수줍음이 많아, 태어나 처음으로 외모가 아주 다른 미국 사람을 만나니 무서움을 느꼈던 것이지요. 그것을 모르는 엄마는 아이가 영어를 싫어하는 줄 알고, 학습 능력에 문제가 있는 건 아닌지 걱정했던 것입니다.

상담 끝에 저는 엄마에게 아이와의 관계가 더 긴밀해지도록 함께하는 시간을 많이 가지라고 이야기했습니다. 아이에게 어려움이 있을 때, 가장 가까운 사이인 엄마가 그 이유를 모른다면 앞으로도 이런 문제가 반복될 것이 뻔하기 때문입니다. 그러면서 이런 말을 덧붙였습니다.

"문제가 있기는 한데 그 이유를 잘 모른다면 이유를 알 때까지 일단 하던 것을 모두 멈추세요."

아이와 친밀한 관계를 유지하면서 싫어하는 이유를 알려고 해도 도무지 알 수 없는 때가 있습니다. 그때는 무조건 시키지 않는 것이 최선입니다. 싫어하는 것을 통해서는 절대 제대로 된 학습 효과를 기대할 수 없으니까요.

☀ 교육 적기는 흥미도와 준비도가 갖춰졌을 때

새로운 것에 대한 거부감이 심했던 경모는 초등학교 2학년 여름

방학 때 처음으로 미술을 배웠습니다. 주변에서는 초등학교에 가면 미술 실력이 중요하니 미리 가르치라고 이구동성으로 이야기했지만, 마음이 움직이기 전에 아무것도 하려 들지 않는 경모인지라 강요하지 않았습니다. 동생 정모가 유치원 미술 대회에 나가 척척 상을 타 와도 경모는 그건 나와 상관없는 일이라는 무심한 태도를 보였지요.

그러던 경모가 2학년이 되더니 스스로 미술을 배우겠다고 나섰습니다. 그럼 일단 흥미도는 된 것이었지요. 그래서 저는 경모의 준비도를 생각해 봤습니다. 사실 경모는 다른 아이들에 비해 손놀림이 둔했습니다. 글자를 쓰거나 색칠을 하는 등 손을 이용하는 활동은 속도가 느린 편이었지요. 그래서 초등학교 1학년 때부터 손힘을 키워 주기 위해 공작 놀이를 시켰습니다. 그 결과 손힘이 제법 생겨 2학년이 되었을 때는 그리고 쓰는 것이 능숙해졌습니다. 본격적인 미술 공부를 할 수 있는 준비가 된 셈이지요. 경모는 그 뒤 너무나 재미있게 미술을 배웠습니다.

그런데 만일 흥미도와 준비도가 제대로 갖춰지지 않은 채 학습에 들어가면 어떤 반응이 나타날까요? 아이들은 일단 무조건 피하려 듭니다. 힘들다고 툴툴거리면서 어떻게든 안 하려고 거짓말을 한다든지, 해도 마지못해 하는 모습을 보입니다. 아니면 앵무새처럼 무조건 외우려 들 수도 있어요. 부모의 미움을 받지 않기 위해 생각 없이 외워 버리는 것이지요.

소아 정신과 의사 입장에서 보면 안 하려고 하는 아이보다 앵무새처럼 외우는 아이들이 더 걱정됩니다. 무조건 외우다 보면 뇌가 그쪽 방면으로만 발달될 수 있거든요. 달력을 한 번 보고 외워 버리거나, 긴 연산을 앉은 자리에서 해 버리는 등의 증상을 보이는 자폐 스펙트럼 장애가 바로 그런 예입니다. 그러므로 교육을 할 때는 먼저 아이의 흥미도와 준비도를 살펴야 합니다.

사교육을 할 때 고려해야 할 사항 Tip

●낮잠 시간 고려하기
5세까지는 짧은 시간이라도 하루에 한 번 낮잠을 자는 것이 아이에게 좋습니다. 낮잠을 잘 시간에 이런저런 교육을 하다 보면 아이의 몸과 마음이 피곤해집니다.

●친구들과 놀 시간 확보하기
유치원이나 어린이집에서 보내는 시간만으로는 아이들끼리 긴밀한 관계를 유지하기 힘듭니다. 놀이를 통해 사회성을 키우는 시기이므로 친구들과 자유롭게 놀 수 있는 시간을 줘야 합니다.

●아이의 준비도 살피기
아이가 신체적, 정신적으로 교육을 받을 준비가 되어 있는지 살펴 주세요.

●교육의 목적 분명히 하기
예를 들어 피아노를 가르칠 때 피아노 연주 실력을 갖추게 하기 위함인지, 음악을 즐기는 아이로 만들기 위함인지 등 교육 목적을 분명히 해야 부모의 마음에 여유가 생깁니다.

●포기하지 않도록 도와주기
어떤 교육이든 처음에는 재미있고 쉽지만 어느 순간 고비를 맞게 됩니다. 만일 아이가 고비 때마다 그만두면, 쉽게 시작하고 쉽게 포기하는 아이가 되고 맙니다. 따라서 고비를 잘 넘기도록 부모가 옆에서 격려해 줘야 합니다.

창의력이
중요하다는데
어떻게 키워 줄까요?

창의력이 유아 교육의 화두가 된 지도 오래됐습니다. 그래서인지 아이가 창의력이 없다며 병원을 찾는 부모들도 많습니다. 또한 창의력을 높여 준다는 교재나 교구 앞에서는 값이 비싸도 과감히 지갑을 여는 부모들이 많지요. 과연 창의력이란 무엇이며, 어떻게 해야 키울 수 있는 걸까요?

❋ 창의력 높은 아이들의 특징

창의력을 쉬운 말로 하면 뭔가를 남과 다르게 새로운 눈으로 보는 능력을 말합니다. 아이가 엉뚱한 행동을 많이 하면 흔히 창의력이 있다고 생각하지만 무조건 그렇다고 말할 수는 없습니다. 창의력에 대한 여러 학자들의 연구 결과를 종합해 보면 창의력 있는 아이의 특징은 다음과 같이 정리할 수 있습니다.

- 성취욕, 자율성, 공격성이 강한 편이고 변화를 선호한다.
- 새롭고, 복잡하고, 어려운 문제를 좋아한다.
- 독립심, 모험심이 강하고 적극적이다.
- 성가실 정도로 호기심이 많고 이상주의적이다.
- 예술적이고 심미적이다.
- 여성스런 취미가 있다.
- 관찰력이 뛰어나고 '만약 ~라면' 하는 생각을 자주 한다.
- 참신한 생각과 행동을 하지만, 가끔 기억한 것을 쉽게 잊어버린다.

우리 아이에게 이런 특징이 보이지 않는다고 실망할 필요는 없습니다. 창의력의 싹은 어린 시절 부모의 양육 태도에 따라 얼마든지 발현될 수 있으니까요.

✸ 창의력은 인위적인 교육이 불가능합니다

창의력 높은 아이들의 특징을 살펴보면 알겠지만, 창의력이란 절대 인위적으로 키울 수 있는 능력이 아닙니다. 배운다고 느끼는 게 아니라 자기 스스로 개발해 나가는 것이지요.

그래서 창의력을 중요하게 여기고 그것을 키우려는 노력이 오히려 창의력을 망치는 주범이 되기도 합니다. 흔히 우리나라의 교육 제도와 교육 방법이 창의력 신장에 방해가 된다고 이야기합니다. 하지만 창의력을 저하시키는 근본 원인은 가정환경과 부모의 양육 태도입니다. 말로는 창의력을 키워 준다고 하면서 규율과 규칙을 강조하거나, 인위적인 교육을 시키는 것이 바로 창의력을 갉아먹는 주범이지요.

예를 들어 창의력을 길러 주려고 글쓰기를 시키면, 아이들은 '글을 쓰기 위해' 생각을 하게 되지요. 또한 그것을 글로 표현해야 한다는 부담감에 생각하는 것 자체를 싫어하게 될 수 있습니다. 창의력을 키우기 위해 억지로 많은 책을 보여 주는 것도 마찬가지입니다. 보기 싫은 책을 억지로 읽다 보면 지식을 수동적으로 받아들이게 됩니다. 수동적으로 얻은 지식은 창의력 발달에 도움이 되지 않습니다.

물론 글쓰기나 책 읽기는 다양한 교육적 효과가 있습니다. 그러나 그것은 아이 스스로 나서서 했을 때 해당되는 이야기입니다. 아이가 원치 않을 경우 그 효과를 기대하기 어려울뿐더러 창의력 개발에도 전혀 도움이 되지 않습니다. 오히려 역효과가 생길 가능성이 큽니다.

✸ 좋아하고 잘하는 것을 할 때 급성장합니다

창의력을 키우기 위해서는 무엇보다 아이가 자발적으로 생각할 수 있는 시간을 많이 가져야 합니다. 아이들은 과연 언제 스스로 생각을 많이 할까요? 바로 자기가 좋아하는 일을 할 때입니다.

퍼즐 맞추기에 빠진 아이들은 누가 시키지 않아도 이런저런 생각을 하며 퍼즐 조각을 맞추는 데 집중합니다. 때로는 맛있는 간식으로 유혹해도 거부하고 퍼즐을 완성하는 괴력을 보이기도 합니다. 그렇게 퍼즐을 완성하는 과정에서 눈에 보이진 않지만 창의력이 자라는 것이지요.

그러니 아이의 창의력을 키우고 싶다면 아이가 뭔가 하고자 할 때 적극적으로 도와줘야 합니다. 제 아들 경모는 모형 행글라이더를 무척 좋아했어요. 저는 다른 것은 몰라도 행글라이더에 관련한 것이라면 무엇이든 밀어 주었습니다. 주변에서 너무 과한 것 아니냐고 말려도 개의치 않았습니다. 대회에 나가고 싶다고 하면 나가게 하고, 새로운 모델이 나오면 어떻게든 구해 줘서 아이가 더 집중할 수 있도록 해 주었지요.

부모 생각에는 '이게 아니다' 싶은 것에 아이가 관심을 가질 수도 있지만, 아이가 좋아하는 영역을 인정하고 아이의 조력자로 적극 나서 주세요. 아이의 창의력은 그 과정에서 쑥쑥 자랍니다.

✱ 직접 경험으로 오감 자극하기

한때 부모들 사이에서 그림인지 사진인지 분간하기 힘들 정도로 사물들이 정교하게 그려져 있는 그림책이 유행한 적이 있습니다. 당시 병원에 오는 아이들 중 이런 책 한두 권 보지 않은 아이가 없을 정도였지요. "선생님 그 책 보셨어요?" 하고 많이들 묻기에 어떤 책인지 궁금해 서점에 나가 봤더니, 정말 실제 사물의 사진인 것 마냥 기가 막히게 그려 놓았더군요.

당시 어떤 엄마가 저에게 이런 질문을 했습니다.

"이렇게 진짜처럼 그려져 있으니 애가 사물에 대해 잘 알 수 있겠지요?"

그 엄마가 펴 보인 그림책에는 귀여운 강아지 한 마리가 그려져 있었습니다. 어찌나 세밀하게 그렸는지 그 책을 만지면 보드라운 털 감촉이 전해질 것 같았습니다. 하지만 감탄하는 마음도 잠시, 그 엄마한테 질문을 던졌습니다.

"혹시 강아지 키우세요?"

"아뇨, 아파트에 살고 있어서 못 키워요."

저는 그 엄마에게 강아지 그림책 열 번 보여 줄 시간에 한 번이라도 아이에게 직접 강아지를 만져 볼 기회를 주라고 말했습니다. 그렇게 하면 아이는 '강아지'라는 말은 물론 강아지의 생김새와 행동 특성까지 알게 될 것이라는 이야기를 덧붙이면서요.

실제로 보고 듣고 만지지 않고서는 그 어떤 지식도 뇌에 저장되지 않습니다. 간접 경험을 통한 지식은 잠시 뇌에 머물렀다 금방 떠날 뿐입니다.

창의력 역시 마찬가지입니다. 3세부터 5세까지는 아이들의 일생을 통틀어 창의력이 가장 발달하는 시기입니다. 따라서 이 시기에는 머릿속에서 생각만 하게 하기보다는 직접 보여 주고 만지고 느끼게 하는 게 창의력 증진에 훨씬 효과적입니다. 책을 보여 주면서 "이게 바다야" 하기보다는 바다에 데리고 가서, 바닷가 바람의 느낌은 어떻고, 냄새는 어떻고, 바닷물의 맛은 어떤지 직접 경험하게 해야 뇌도 발달하고 창의력도 쑥쑥 자라납니다.

✿ 생활 속에서 창의력 키우는 노하우

① 자유로운 집안 분위기를 만들어 주세요

아이와 함께 있으면 무조건 가르치려고 하는 부모들이 있습니다. 이런 부모들은 아이 혼자서 생각하고 빈둥댈 시간을 전혀 주지 않는 경우가 많습니다. 아이가 빈둥대고 있으면 왠지 불안하기 때문이지요. 하지만 창의적인 아이로 크려면 자유로운 환경에서 혼자서 무엇인가 궁리해 보고 빈둥거릴 시간이 필요하다는 것을 잊지 말아야 합니다.

② 아이의 말에 귀를 기울여 주세요

아이의 엉뚱한 말을 바쁘다는 핑계로 무시하는 부모들이 많습니다. 이는 부모 자신이 창의적이지 못하기 때문에 아이의 말이 창의적인 질문인지 모르고 지나치는 것입니다. 의미 없고 필요 없어 보이는 말 한마디 한마디에 주의를 기울이고, 아이의 생각이 발전할 수 있도록 도울 때 창의력도 커 나갈 수 있습니다.

③ 확산형 질문을 해 주세요

아이에게 질문을 할 때 '예', '아니오', '이것' 등 간단하게 답변할 수 있는 것보다는 아이가 자기 생각을 말할 수 있는 질문을 던지도록 하세요. "그럼 기분이 나쁠까, 안 나쁠까?" 하는 질문보다는 "어떤 기분이 들까?" 하는 질문이 더 좋습니다. 또 "만약 ~라면 어떻게 할래?"라는 식으로 입장을 바꿔 생각하게 하는 질문을 던지는 것도 좋습니다.

④ 아이가 집중하고 있을 때는 방해하지 마세요

아이가 무언가에 집중하고 있을 때, 부모의 눈에는 그게 하찮아 보일지라도 말리거나 방해해서는 안 됩니다. 아이는 지금 자신만의 생각과 행동에 몰두해 있는데 '공부해라', '숙제해라' 하는 말로 아이가 하는 일을 방해하면 창의력은 물론 집중력도 떨어지게 됩니다.

⑤ 자연에서 놀게 하세요

창의력 교구나 학습지를 아무리 잘 만들어도 자연만큼 창의적인 것은 없다는 사실을 명심하세요. 서로 같은 모양이 없는 돌, 매 계절마다 다르게 피어나는 꽃과 나무의 생명력은 그 자체로 훌륭한 창의력 도구입니다. 내로라하는 창의적 건축물이나 예술품도 그 뿌리는 결국 자연이니까요. 아이를 자연에서 놀게만 해도 창의력의 기본 바탕은 갖춰집니다.

⑥ 또래와 놀게 하세요

또래와 어울리는 것은 사회성뿐 아니라 창의력 발달에도 중요합니다. 부모는 아이가 원하는 것을 주지만 또래 친구들은 그렇지 않습니다. 또래와의 충돌 상황에서 아이는 상대의 입장이 되어 보기도 하고, 문제 해결을 위해 나름대로의 방법을 모색하면서 창의력을 키워 가게 됩니다.

죽음에 대한

질문을 자주 해요

　어느 날 아이가 키우던 장수풍뎅이가 더 이상 움직이지 않았습니다. 그동안 애지중지 보살피던 장수풍뎅이가 죽자 아이는 무척 당황하고 슬퍼했습니다. 그리고 거기서 끝나지 않고, "엄마랑 아빠도 죽어?", "죽으면 어떻게 되는 거야?", "왜 죽는 거지?", "그럼 나도 장수풍뎅이처럼 죽는 거야?" 등 이런저런 질문을 쏟아 놓았습니다.

　부모들은 아이가 죽음에 대해 물으면 성에 관한 질문을 받았을 때처럼 당황하게 됩니다. 성에 대한 질문을 받을 때 대답을 잘해 주어야 아이가 올바른 성 의식을 가지는 것처럼, 죽음에 대한 질문에도 아이 눈높이에 맞춰 바른 대답을 해 주어야만 아이가 생전 처음 느끼는 죽음에 대한 두려움을 다스릴 수 있습니다.

대부분의 부모들은 아이가 성에 대한 질문을 하면 당황합니다. '어린 나이에 벌써 성에 관심을 갖는 걸까' 하며 어떻게 해야 할지 고민하지요. 이때는 아이의 질문을 막거나 대답을 얼버무릴 것이 아니라, 있는 사실에 대해 아이 수준에 맞추어 쉽게 답해 주는 것이 좋습니다. 그래야 아이가 성을 생활의 한 부분으로 자연스럽게 인식할 수 있지요.

죽음에 대한 질문도 마찬가지입니다. 죽음 자체를 부정하거나 다른 말로 둘러대는 것은 좋지 않습니다. '엄마 아빠가 언젠가 죽는다고 이야기하면 충격을 받지 않을까' 하는 생각에 대답을 꺼리면 아이는 죽음을 좋지 않은 것, 무서운 것으로 받아들여 곤충의 죽음에도 큰 충격을 받을 수가 있습니다. 그러니 아이가 이해할 수 있는 언어 수준에서 사실 그대로 답변해 주는 것이 좋습니다.

뉴욕 세인트존스 대학교 심리학과 부교수인 엘리사 브라운은 "아이가 죽음에 대한 질문을 하는 것은 죽음 역시 아이가 호기심을 갖는 것 중 하나이기 때문"이라고 말합니다. 즉 자신이 살아가는 세상에 대해 왕성한 호기심을 가지는 시기이기에 죽음에 대해서도 물어보게 되는 것이지요.

어른들이 생각하는 것처럼 죽음에 대한 이야기가 아이들에게 공포가 되지는 않습니다. 오히려 죽음은 어른들에게 가장 큰 공포의 대상입니다. 아이들이 죽음이라는 개념을 갖게 되어 어른들처럼 죽음에 대한 공포를 느끼는 것은 빨라야 10세부터입니다. 그러므로 이 시기의 죽음에 대한 질문을 심각하게 받아들일 필요는 없습니다.

✱ 있는 현상 그대로 설명해 주는 것이 좋습니다

아이가 죽음에 대해 물으면 아이가 이해할 수 있는 말들로 쉽게 대답해 주는 것이 좋습니다. 예를 들어 아이가 "죽는 게 뭐야?" 하고 물을 때는 "심장이 더 이상 뛰지 않고 몸이 말을 듣지 않게 되어, 숨도 쉬지 않고 움직이지 않게 되는 거야"라며 눈에 보이는 현상으로 설명을 해 주는 것이 좋습니다.

이 시기의 아이들은 아직 추상적 사고가 발달하지 않았기 때문에 '정신과 육체가 분리되는 것'이라든지 '이 세상을 떠나 멀리 가는 것'이라는 표현은 좋은 대답이 되지 못합니다.

더불어 사람의 일생에 대해서도 알려 주세요.

"세상에 태어난 모든 아이들은 초등학생이 되고, 중학생, 고등학생, 어른이 된단다. 어른이 되면 엄마 아빠처럼 결혼을 하고 아기도 낳을 수 있어. 그러다 할아버지 할머니가 되고 더 나이를 먹으면 죽게 돼. 그건 동물도 마찬가지고 식물도 마찬가지지."

그러면 아이는 죽음이라는 것을 자연스럽게 받아들이게 됩니다. 이때 아이의 질문이 꼬리에 꼬리를 물고 늘어지더라도 막거나 피하지 마시고, 아이의 호기심이 풀릴 때까지 충분히 대답해 주는 것이 좋습니다.

✱ 부모나 어른들이 항상 지켜 준다고 이야기하세요

이 시기 아이들이 죽음에 대해 불안한 모습을 보인다면, 그것은 자신을 돌봐 주고 있는 부모의 죽음을 걱정하기 때문입니다. 이때 아이의 질문에 무신경하게 "엄마가 아프면 죽을 수도 있어"라든가 "무슨 애가 그런 질문을 하니?"라는 식으로 대답하면, 아이가 느끼는 불안과 두려움이 증폭됩니다. 이때에는 이렇게 말해 주세요.

"엄마 아빠는 너보다 빨리 죽지 않아. 우리 ○○가 클 때까지 옆에서 지켜 줄 거야."

텔레비전 뉴스를 보면 죽음에 관한 소식이 자주 나옵니다. 이때 가능하면 아이가 무서운 장면을 보지 않도록 신경을 써야 합니다. 만일 텔레비전에서 다른 사람의 죽음, 전쟁, 자연재해 등을 보고 아이가 놀라거나 괴로워한다면 대화를 나눠 아이가 불안해하지 않도록 도와주어야 합니다. 예컨대 우리 집에서는 저런 일이 일어나지 않는다는 사실을 아이에게 설명해 주는 것이지요.

물론 아이들에게 그런 사고가 일어나지 않는다고 100퍼센트 보장해 줄 수는 없습니다. 하지만 그 부분은 어른이 고민하고 해결해야 할 부분이지, 아이가 걱정해야 할 것이 아니므로 아이의 사고가 성숙되기 전까지는 이야기하지 않는 편이 좋습니다. 세상에는 나쁜 일들이 일어나지만 그 일을 해결하는 어른들, 예를 들면 경찰이나 소방관, 군인들이 있다는 사실을 논리적으로 설명해 줄 필요도 있습니다.

애완동물이 죽었을 때는 이렇게

● **미리 마음의 준비를 시킨다**
애완동물이 죽음 직전에 이르러, 시름시름 앓기 시작하면 아이에게 애완동물의 병이 낫지 않으면 죽을 수도 있다고 미리 이야기해 두는 것이 좋습니다.

● **장례식을 치러 준다**
애완동물이 죽으면 장례식을 치러 주고, 간단하게나마 애완동물을 추도하는 시간을 갖도록 해 보세요. 이러한 의식을 통해 아이들은 아픈 마음을 치유할 수 있고, 이별하는 법을 배우게 됩니다.

● **어른도 함께 슬퍼한다**
애완동물이 죽으면 슬픔을 느끼는 것은 자연스러운 일이라고 말해 주고, 엄마도 슬프다고 이야기합니다.

● **시간이 지나면 추억을 함께 이야기한다**
죽음은 고통스러운 일이지만 애완동물과 함께 했던 즐거운 순간이나 행복했던 순간은 추억으로 남는다는 사실을 느끼게 해 주세요.

아이의 자존감이

그렇게 중요한가요?

국제정신분석가인 이무석 박사가 40년 동안 마음의 병을 앓고 있는 수많은 환자들을 치료하면서 한 가지 진리를 발견했다고 합니다. '인간의 정신을 건강하게 유지시키는 힘의 원천은 바로 자존감'이라는 것입니다.

저도 그 말에 전적으로 동의합니다. 문제가 있어서 소아 정신과를 찾아오는 아이들을 보면 대부분 자존감이 낮습니다. 겉으로는 자신감이 넘쳐 보여도 대화를 나누다 보면 허약한 자존감을 애써 감추고 있는 경우가 많습니다.

자존감은 자기 자신에 대한 평가입니다. 자존감이 높은 아이는 자신이 완벽하지는 않지만 괜찮은 사람이며, 다른 사람들도 자신에게 호감을 느낄 것이라고 생각합니다. 그래서 실패를 해도 금방 일어설 줄 알고, 어렵고 힘든 일에 맞닥뜨렸을 때 어떻게든 그것을 극복해 나가려고 합니다. 공부를 잘하는 것도 아닌데 늘 자신감이 넘쳐 흐르는 아이가 바로 그런 경우입니다. 시험에서 70점을 맞았다고 해서 그것 때문에 자신이 사랑받을 수 없는 못나고 초라한 존재라고 생각하지 않는 것이지요.

하지만 자존감이 낮은 아이는 힘든 일이 생기면 쉽게 좌절하고 포기해 버립니다. 자신이 조그만 실수라도 저지르면 부모를 비롯한 주위 사람들에게 비난을 받고, 더 이상 사랑받지 못할 것이라고 생각하기 때문에 아예 시도조차 하지 않으려고 하지요. 그래서 타인의 인정과 사랑에 목을 매며 늘 그들의 눈치를 살피느라 정작 자신의 삶을 제대로 살아가지 못합니다. 굳이 무언가를 잘하지 않아도 괜찮으며, 있는 그대로도 충분히 사랑받을 만한 가치가 있는 존재라고 생각하지 못하는 것입니다. 그러므로 내 아이가 장차 성장하여 성공하고 행복하게 살기를 바란다면 지금 현재 아이의 자존감이 어떤 상태인지 살펴보고, 자존감을 높여 나갈 수 있게 도와주어야 합니다.

✱ 부모가 해야 할 말 VS 하지 말아야 할 말

그렇다면 아이의 자존감은 언제 어떻게 형성되는 걸까요? 수많은 아이 발달 연구에 따르면 15개월 이전까지는 아이가 자신과 엄마를 잘 구분하지 못합니다. 자신이 엄마인지, 엄마가 나인지 헷갈려 하는 것이지요. 그러다 18개월쯤 되면 서서히 자신을 자신만의 마음이 있는 사람으로 느끼기 시작합니다. 두 돌쯤 되면 자신에 대한 개념이 확실히 생기는데요. 자신이 하는 행동의 주체가 바로 자신임을 깨닫기 시작하는 것입니다. 그래서 "싫어", "아니야"라는 말을 열심히 하게 되지요. 그처럼 본격적으로 자아상을 형성해 가는 두 돌쯤에는 아이가 "내 거야"라고 하면 "왜 그래?"라며 혼내지 말고 "그래, 네 게 맞아"라고 해 주는 게 좋습니다.

아이가 서너 살쯤 되면 경쟁적 자아 개념이 발달하게 됩니다. 또래 친구나 형제들에게 지기를 싫어하고, 남들에게 부정적인 평가를 받는 것을 극도로 꺼리게 됩니다. 아직 자신이 좋은 사람인지 아닌지에 대해 뚜렷하게 확신이 없다 보니 주변의 피드백에 민감하게 반응하는 것인데요. 그래서 가끔은 하지 않은 일도 자신이 했다고 하는 등 좋은 사람이 되고 싶어 부모에게 거짓말을 하기도 합니다.

그럴 때 아이를 가르치겠다며 "거짓말하면 못 써. 거짓말하면 나쁜 애야"라고 혼을 내는 부모들이 있습니다. 그러면 아이는 스스로를 나쁜 사람이라고 생각하여 부정적 자아상을 갖게 됩니다. 그러므로 그럴 때는 "아, 그랬어?" 하며 알고도 모르는 척 넘어가 주는 것이 좋습니다.

본격적으로 나쁜 자신과 좋은 자신을 통합하면서 자아 개념이 확실해지는 시기는 5~6세 때입니다. 정모는 여섯 살쯤 되었을 때 저에게 그런 말을 했습니다. "엄마, 나에게는 입이 여러 개가 있는 것 같아." 그래서 왜 그렇게 생각하느냐고 물었더니 정모가 그러더군요. "이쪽 마음은 형아를 때리고 싶고, 이쪽 마음은 형아를 좋아해. 그래서 어떤 입을 열어야 할지 모르겠어." 정모는 그때 이랬다 저랬다 하는 자신의 마음을 인식하고 본격적으로 자아를 발달시켜 나가고 있었던 겁니다.

　그럴 때 부모는 아이가 어떤 상황에서도 긍정적 자아상을 가질 수 있게끔 도와줘야 합니다. 그런데 아이를 가르친다며 욕심을 부리다 도리어 아이의 자존감을 해치는 경우도 있습니다. 준비가 안 된 아이를 무리하게 영어 유치원에 보내는 것도 그에 해당합니다. 저를 찾아왔던 한 아이는 할머니 댁에서 잘 놀다가 집에 갈 때면 오줌을 지리곤 했습니다. 알고 보니 영어 유치원에서 내 준 숙제를 못하거나, 다음 날 시험이 있으면 그 스트레스로 인해 오줌을 지리는 것이었습니다. 어른에게도 시험은 매우 견디기 힘든 스트레스인데 다섯 살 아이에게는 오죽하겠습니까. 그러니 영어 유치원을 보내더라도 절대 시험을 보게 해서는 안 됩니다. 그냥 즐겁게 영어를 배우는 것으로도 충분합니다. 학습지를 풀 때도 맞는 것만 동그라미를 치는 게 좋습니다. 굳이 틀린 것을 체크할 필요는 없다는 말입니다.

❋ 부모가 아이에게 줄 수 있는 가장 소중한 유산

하버드 대학교 학생들이 어린 시절 부모로부터 가장 많이 들은 말은 "다 괜찮을 거야(Everything is going to be OK)"라고 합니다. 그래서 그들은 시험을 망치고, 친구와의 관계에서 상처를 입고, 실수를 저질러도 심하게 좌절하지 않고 다시금 용기를 내어 자신의 길을 갈 수 있었습니다. 그처럼 어린 시절 부모가 어떤 말을 하고, 어떤 태도로 아이를 대하느냐가 아이의 자존감 발달에 큰 영향을 미칩니다. 게다가 한번 굳어진 자아상을 바꾸기란 매우 어렵습니다. 그래서 자존감이 낮은 아이는 커서도 자존감 낮은 어른이 될 확률이 매우 높습니다. 그러니 이제라도 아이에게 한글과 영어를 가르치는 것만큼 아이의 자존감 발달에 대해서도 중요하게 생각하고, 아이가 부정적 자아상을 갖지 않게끔 도와줘야 합니다. 어쩌면 부모가 아이에게 줄 수 있는 가장 소중한 유산이 바로 '높은 자존감'일지도 모릅니다.

Chapter 3

바른 성교육

아이가
아무 데서나
고추를 내놔요

얼마 전 한 유치원에서 남자아이 몇 명이 호기심으로 여자아이가 소변 보는 것을 훔쳐보고 급기야 여자아이의 성기를 만지는 사건이 발생하여 병원에 온 적이 있었습니다. 부모와 선생님은 아이들이 이렇게까지 성적 호기심이 강할지는 몰랐다며 어떻게 대처해야 하는지 혼란스러워했지요.

✳ 성적 본능은 강한 반면 통제력은 약한 유아기

모든 인간은 어릴 때부터 성적 쾌감을 느낄 수 있고 종족 보존을 위한 성적 본능이 몹시 강합니다. '애들이 무슨 성적 쾌감이야' 하며 인상을 찌푸리는 부모도 있을 테지만, 이는 과학적으로 밝혀진 사실입니다. 기존의 연구 결과를 종합해 보면 돌 이전의 아기들도 성기를 자극할 때 기쁨을 느낀다고 합니다. 엄마가 기저귀를 갈거나 목욕을 시키면서 성기 부분을 건드리면 남녀 아기 모두 쾌감을 느낍니다. 이것이 어른의 성적 흥분과 같은 종류의 느낌인지는 확인할 수 없으나 아기도 성기를 자극할 때 쾌감을 느끼는 것은 분명한 사실입니다.

좀 더 자라면 아이들은 성기를 만지거나 들여다보면서 장난을 하기 시작합니다. 일부 남자아이들은 성기로 장난을 하다 발기가 되어 아이나 부모 모두 당황하기도 하지요. 하지만 어린아이들도 성기 자극으로 인한 발기가 가능합니다.

이 시기의 남자아이들이 좋아하는 놀이 중 하나가 바지를 벗고 성기를 노출하며 뛰어다니는 것입니다. 저 역시 목욕 후 옷을 입지 않고 집 안을 뛰어다니는 아이들을 말리느라 목소리를 높인 적이 많습니다. 수건으로 물을 닦아 내보내면서 옷을 입으라고 하면, 두 아들놈은 약속이나 한 듯 수건을 어깨에 두르고 '슈퍼맨'을 외치며 돌아다니곤 했습니다. 결국에는 말리는 것을 포기하고 아이들이 노는 모습을 지켜볼 수밖에 없었지요.

앞의 상황에서처럼 여자아이의 치마를 들춰 보고, 자기 성기를 만지거나 보여 주는 것은 이 시기 아이들이 성적 본능은 강한데 본능을 통제할 수 있는 이성적인 힘은 약하기 때문입니다. 이것은 여자아이도 마찬가지입니다. 남자아이들의 행동이 크고 충동적이어서 눈에 더 띄는 것뿐이지, 여자아이들의 성적 호기심도 결코 적지 않습니다.

✴ 성 정체성을 확립하는 과정입니다

4세가 넘으면 아이들은 성 역할을 뚜렷하게 구분할 수 있게 됩니다. 이 시기에 자기와 이성 친구의 몸이 어떻게 다른지 보고 싶어 하고 성에 대한 질문이 많아지는 것은, 자신을 남자 혹은 여자로서 확실히 규정짓기 위한 것이지요. 그러니 정상적인 발달 과정이라 할 수 있습니다.

그럼에도 아이들이 성적인 욕구를 밖으로 표출하면 보수적인 부모들은 아이를 심하게 야단치곤 합니다. 이 시기에 성적으로 강한 통제를 받은 아이들은 성인이 되어서 건강하고 행복한 성생활을 하는 데 어려움을 겪을 수 있으므로 지양해야 할 자세이지요. 부모가 말리지 않아도 아이들의 성적인 놀이는 초등학교에 가면 급격히 줄어듭니다. 이성으로 자신의 본능을 억제할 수 있을 정도로 지능이 발달하고, 학교에 가면 그보다 더 재미있는 일들이 많기 때문입니다.

그러니 아이가 성에 관련해서 문제를 일으킬 경우에는 제지는 하되 아이가 이해할 수 있도록 설명해 주어야 합니다.

"물놀이할 때 수영복을 왜 입는 줄 아니? 우리 몸에서 가장 소중한 부위를 가리기 위해서야. 그 부분은 함부로 만져서도 안 되고 보여 줘서도 안 돼. 그러니까 장난으로 그곳을 보려고 하거나, 보여 주려고 하면 안 되겠지?"

이렇게 하면 아이의 마음에 상처를 주지 않으면서도 아이의 잘못된 행동을 바로잡을 수 있습니다.

✱ 아이가 성적인 놀이를 할 때가 성교육의 적기

성교육은 문제가 심각해지기 전에 해 주는 것이 좋습니다. 무분별하게 드러나는 성적 본능을 제어할 수 있도록 해 주어야 하니까요. 이 시기의 아이들은 아직 자기중심적인 생각을 가지고 있고, 성에 대해서도 다양한 공상을 하므로 성적인 지식을 직접 가르치는 것은 무리입니다. 복잡한 성 지식을 가르치기보다는 성에 대해 좋은 느낌을 전해 주는 쪽에 초점을 맞추는 것이 바람직합니다.

어른 입장에서는 성에 대한 전반적인 지식을 객관적으로 전달하는 것이 좋을 것 같지만, 아이들은 사실을 자기 나름대로 해석해서 왜곡되게 받아들이는 경우가 많습니다. 예를 들어 정자와 난자에 대한 설명을 들은 아이가 텔레비전 사극에서 '낭자'라는 말이 나오면, 여자는 난자를 가졌기 때문에 옛날에는 여자를 낭자라고 불렀다고 연상을 하는 경우도 있지요.

또한 성폭력에 대해 이야기할 때도 '낯선 아저씨가 몸을 만지면 이렇게 하라'는 식의 교육은 아이들을 더 불안하게 할 수 있으므로 조심스럽게 해야 합니다. 유치원에서 성폭력 예방 교육을 받은 아이들 중 평소에 소심하고 겁이 많은 아이들은 속옷을 갑자기 여러 개 껴입기도 합니다. 그 아이들에게는 성폭력 예방 교육이 외려 불안을 유발한 것이지요.

그래서 저는 부모들에게 차라리 이렇게 말하기도 합니다. 어설프게 가르쳐서 겁을 먹게 하느니 차라리 성교육을 하지 말라고요. 이 시기에 성 관념이 잘못 잡히면 그것이 잠재 기억에 남아 성인이 되어서도 성을 부정적으로 바라보게 됩니다. 가장 좋은 방법은 가정에서 부모의 태도를 통해 자연스럽게 성 역할과 일반적인 성 지식을 알아 가는 것입니다.

난처한 질문을 하면
이렇게 말해 주세요

아이가 성에 관해 관심을 가질 때에는 아이가 던질 질문을 예상해 보고 대답해 보는 연습을 하세요. 준비 없이 그런 상황이 되어 말문이 막히면 "애들은 몰라도 돼"라거나 "그런 말 하는 거 아냐" 하며 얼버무리게 되고, 아이는 부모의 부정적인 반응에 성을 '감추어야 하는 것', '피해야 하는 것'이라 생각하게 됩니다.

*"아기는 어떻게 태어나?"

황새가 물어다 주었다거나 크면 다 알게 된다는 식의 답변은 곤란합니다. 수긍하기 어려운 대답을 들으면 호기심이 풀리지 않아

집착만 커지게 됩니다. 어려운 의학 용어 대신 아이들이 이해할 만한 단어를 사용해서 사실 그대로 전달해 주세요.

"엄마 아빠 몸에는 아기를 만드는 아기 씨가 있어. 그 아기 씨끼리 만나면 아기가 만들어진단다"라고 아이들이 수긍할 수 있게 말해 주는 것이 좋습니다. 덧붙여 "너희들도 어른이 되면 몸에 아기 씨가 생기니까 아기 씨가 생기는 곳을 소중히 다루어야 한다"라고도 이야기해 주면 올바른 성 관념을 형성하는 데 도움이 됩니다.

✱ "아빠 아기 씨와 엄마 아기 씨는 어떻게 만나?"

"아빠의 아기 씨는 고추를 통해서 밖으로 나온단다. 엄마의 아기 씨는 배꼽 밑에 있는 자궁이라는 곳에서 사는데, 자궁은 질이라는 길을 통해 바깥과 연결되어 있어. 아빠 몸에서 나온 아기 씨가 그 길을 따라 엄마 몸의 자궁 안에 들어가서 엄마 아기 씨와 만나는 거야."

이렇게 이야기하면 대부분의 아이들은 잘 이해하지 못해도, 엄마 아빠가 자신의 질문에 성실하게 대답해 줬다는 사실에 만족하고 고개를 끄덕이게 됩니다. 만약 아이가 엄마 아기 씨와 아빠 아기 씨가 어떻게 만나는지 더 구체적으로 묻는다면, "엄마 아빠가 사랑을 하게 되면 만나게 돼" 정도로 이야기해 주면 됩니다. 성행위를 언급하는 것을 회피하면 아이 머릿속에 성에 대한 부정적인 인식이 자리하게 되므로 대답을 할 때에는 거리낌 없는 자세를 유지하세요.

✱ "여자는 왜 고추가 없어?"

이때는 남자와 여자의 '차이'를 알려 주는 것이 중요합니다.

"남자들의 고추는 시원한 것을 좋아해서 밖으로 나와 있고, 여자들에게 있는 자궁은 따뜻한 것을 좋아해서 몸 안에 들어 있는 거야"라고 말해 주는 것이 좋지요. "너도 하나 달고 나오지 그랬어" 하는 식의 말은 차별을 느끼게 하므로 피해야 합니다.

✱ "왜 고추를 만지면 안 돼?"

고추를 만질 때의 쾌감 때문에 습관적으로 고추를 만지는 아이들이 있습니다. 이때 부모가 고추를 만지지 말라고 하면 왜 안 되는지 묻곤 하지요. 이때 "고추가 떨어져" 혹은 "벌레가 생겨" 같은 말로 겁을 주거나 행동 자체를 나무라면 숨어서 고추를 만질 수도 있습니다. "고추는 소중한 곳이어서 잘 보호해 줘야 해. 그런데 네

가 자꾸 만지면 병균이 들어가서 고추가 아플 수도 있거든" 하고
이유를 정확히 설명해 주세요.

아이가 자위행위를 하는데,

정신적으로

문제가 있는 걸까요?

성적 자극에 민감하고 성적 호기심이 강한 아이들은 어른들을 당황시키는 행동을 하기도 합니다. 성기를 내놓는 것은 물론이고 사람이 있는 곳에서 버젓이 자위행위를 하기도 하지요.

하지만 아이들의 성적 행동은 어른의 것과는 본질적으로 다릅니다. 큰소리로 야단치거나 놀라는 모습을 보이지 말고, 부드러운 목소리로 적절한 행동 지침을 세워 주세요.

❋ 친구와 엄마 아빠 놀이를 하면서 신체 접촉을 할 때

아이들이 노는 과정에서 신체 접촉을 한다고 해서 놀이 자체를 막아서는 안 됩니다. 단, 뽀뽀나 포옹 정도가 아니라 성기를 만지거나 보여 주는 행동을 할 때는 적절한 제재가 필요합니다. 이때는 너무 놀라지 말고 무심한 척 타이르는 것이 좋습니다. "옷을 벗고 병원 놀이를 하고 싶을 때는 인형으로 대신하는 게 좋아"라고 간접적으로 타이르는 것입니다.

엄마 아빠가 보지 않는 데서 이런 놀이를 한 경우에는 어떻게 놀았는지 물어보고 적절히 지적을 해 주세요. 물론 따지듯이 물어보는 것은 좋지 않습니다. 남자아이와 여자아이가 같이 놀 때는 문을 닫고 놀지 않도록 하고, 아이들이 눈치 채지 못하도록 거리를 두고 어떻게 노는지 관찰하세요.

✱ 이성 친구의 성기를 만지려고 할 때

호기심에 이성 친구의 성기를 만져 보려는 아이들이 있습니다. 이때는 그 행동이 왜 나쁜지에 대해 보다 명확하게 설명해 주어야 합니다. "아기 씨를 만드는 소중한 곳이니까 함부로 만져서는 안 돼. 그리고 만약 다른 사람이 너의 성기를 만지려고 할 경우에도 소중한 곳이니까 만지게 해서는 안 된다"라고 차분한 태도로 일러 주세요.

✱ 텔레비전에서 본 장면을 따라할 때

요즘 방송에서 성과 관련한 표현 수위가 높아지면서 어린아이들까지 어깨를 내보이며 웃거나, 단순한 입맞춤 정도를 넘는 뽀뽀를 하는 등 텔레비전에서 본 장면을 따라하는 경우가 많습니다. 또한 그로 인해 성에 대한 잘못된 고정관념을 갖게 되기도 하지요. 그러므로 아이들이 매체가 전하는 성적인 메시지에 노출되지 않도록 주의해야 합니다. 너무 일찍 어른들의 세계를 접하면 쓸데없이 조숙해져 동화나 동요 등에는 흥미를 잃게 됩니다. 아이가 혹시 텔레비전의 성인 프로를 보게 되면 아이에게 느낌을 묻고 함께 이야기하면서 성 관념을 바로 세우려는 노력을 해야 합니다. 이 시기의 성 관념은 부모와의 대화를 통해 기반이 다져집니다.

✱ 자위행위를 할 때

가끔 병원에 자위행위가 심해서 찾아오는 아이들이 있습니다. 부모는 '아이가 어떻게 성기를 문지르고 성적 흥분을 느낄 수 있느냐'며 수치스러워하는 경우가 많지요.

하지만 자위행위 역시 성적 발달 측면에서 자연스러운 행동입니다. 단, 자위행위가 지나치다면 주변에 재미있는 자극이 부족하거나 심리적인 불안 요인이 많아서일 수 있으므로 아이의 양육 환경을 전반적으로 점검해 봐야 합니다. 동생이 태어난 후 엄마의 사랑을 빼앗길까 봐 긴장한 큰아이가 그 긴장을 없애기 위해 일시적으로 자위행위에 집착하는 경우도 많습니다. 따라서 자위행위에 지나치게 몰두하는 아이들에게는 성적인 쾌감보다 더 재미있는 자극을 찾아 주고 긴장을 유발하는 갈등을 없애 주면 효과를 볼 수 있습니다.

아이들의 성에 대한 관심은 정상적인 발달 과정으로, 시간이 지나면 자연스럽게 없어지므로 크게 걱정하지 않아도 됩니다.

아이가
성추행을 겪었다면

　사회가 험악해지다 보니 어린아이를 대상으로 한 성범죄가 심심치 않게 일어나고 있습니다. 이와 관련한 보도를 접하는 부모들의 마음은 불안할 수밖에 없습니다. 특히 딸을 가진 부모들은 걱정이 이만저만이 아닙니다. 세상 무서워서 딸 못 키우겠다고 탄식하는 부모들이 많습니다. 때문에 아이에게 "누가 네 몸을 만지면 소리 질러라", "모르는 사람 절대 따라가지 마라"와 같은 이야기를 하게 되지요.

　하지만 불가피하게 내 아이에게 몹쓸 일이 일어날 수도 있습니다. 부모는 내 아이에게 일어날 수 있는 모든 일에 대비하고 있어야 합니다.

✱ 성추행으로 병원을 찾은 여자아이

다섯 살 유치원생 딸을 데리고 한 엄마가 찾아온 적이 있습니다. 엄마는 말을 잘 듣던 아이가 갑자기 유치원에 안 간다고 거의 발작을 일으키기에 처음에는 꾀가 나서 그러나 보다 싶어 엄하게 꾸짖었다고 합니다. 그런데도 전혀 나아지지 않고 소변에서 피가 나오기도 하고 인형의 목을 비트는 등 이상한 행동을 보여 혹시나 하는 마음에 산부인과를 찾았답니다. 그리고 거기서 아이가 성추행을 당한 것 같다는 진단을 받고 저를 찾아온 것이었습니다.

제게 이야기를 전하는 엄마의 모습은 함께 펑펑 울어 주고 싶을 정도로 처참했습니다. 엄마가 돼서 아이를 지키지 못했다는 것과 아이의 상태도 모르면서 억지로 유치원에 보내 아이가 더 힘들었을 것이라는 죄책감 때문에 거의 제정신이 아니었습니다.

치료는 엄마와 아이가 함께 받아야 했습니다. 치료 기간 내내 엄마는 아이에게 그런 일이 일어난 걸 숨기고 싶어 했어요. 자신이 수치스러워서가 아니라 성추행당한 사실이 남의 입에 오르내리면 아이가 또 한 번 마음의 상처를 입을까 걱정됐던 것이지요.

9개월여의 치료가 끝나고 그나마 겉보기에 평온한 일상을 되찾아 가던 어느 날, 그 엄마는 제게 폭탄선언을 했습니다.

"제가 이러고 그냥 덮어 버리면 다른 아이들도 같은 일을 당할 수 있는데, 그렇게 되도록 그냥 두고 볼 수가 없어요. 또 제 딸이 잘

못해서 일어난 일이 아니라는 사실을 밝히고 싶어요. 그래야 제 딸이 당당하게 고개를 들고 다닐 수 있을 것 아니에요. 선생님 도와주세요."

같은 엄마로서 그 엄마가 아픈 상처를 어떻게 극복할 것인지 유심히 지켜보던 저는 깜짝 놀랐습니다. 그렇게 놀라운 힘이 숨어 있을 줄은 기대도 못 했기 때문이지요. 정신적인 상처는 그렇게 그 상처와 대면해야 완전히 극복되는 것이 맞습니다. 그러나 사회적으로 약자일 수밖에 없는 엄마와 아이가 자신의 상처를 공개하고 싸우는 건 보통 용기로 되는 일이 아니지요.

✽ 엄마의 용기와 노력으로 극복된 성추행의 상처

그렇게 시작된 싸움은 쉬이 끝나지 않았습니다. "딸 하나 간수하지 못하고……. 아줌마나 똑바로 살아!"라는 비난부터 "알려 봤자 손해 보는 건 아줌마뿐이에요" 하는 충고까지 세상의 시선은 결코 곱지 않았습니다.

그러나 그 엄마는 결코 물러서지 않았습니다. 오히려 더욱 단단해져 갔지요. 재판에 필요한 증거 수집을 위해 여기저기 뛰어다니는 한편, 다른 성추행 피해 아동의 부모를 돕는 데도 앞장섰습니다.

그 엄마의 노력은 헛되지 않았습니다. 언론은 아동 성추행 실태에 대한 기사를 다루며 관심을 보이기 시작했고, 탁상공론만 일삼던 관공서 관료들도 문제를 부랴부랴 알아보기 시작했습니다. 놀라움은 계속 이어졌어요. 그 엄마가 아동 학대 근절을 위한 모임을 만든 것이었습니다. 자신이 가진 경험을 나누고 싶다며, 언제 어디서 일어날지 모를 이 땅의 아동 성추행을 뿌리 뽑고 싶다며 자신의 실명과 경험을 공개했지요.

저는 그 엄마를 보며 어머니의 위대함을 다시 한 번 깨달았습니다. 아동 성추행은 결코 아이가 잘못해서, 또는 엄마가 잘못해서 일어나는 일이 아닙니다. 아이가 성추행을 당했을 때는 쉬쉬하며 숨지 말고, 적극적으로 알리고 당당하게 대처해야 합니다. 그래야 아이가 상처를 받지 않고 건강한 사회인으로 자랄 수 있습니다.

성추행을 당한 아이들이 보이는 행동

1. 악몽을 자주 꾸고, 잘 때도 불을 켜 놓으라고 한다.
2. 신경이 몹시 예민해져서 화를 잘 낸다.
3. 옷에 소변을 보거나 손가락을 빠는 등 퇴행 행동을 보인다.
4. 밥 먹기를 거부하거나 배부른데도 마구 먹는다.
5. 혼자 있는 것을 무서워하고 부모에게서 떨어지지 않으려 한다.
6. 특정 인물이나 장소를 두려워한다.
7. 배가 아프다거나 머리가 아프다는 이야기를 자주 한다.
8. 심한 자위행위를 한다.

아이가 성추행을 당했을 때 해야 할 일 ^{Tip}

● 아이의 마음을 위로하며 담대하게 대해 주세요

'아직 어린아이인데 별일 있겠어?' 하는 생각으로 무심히 넘어가서는 안 됩니다. 그렇다고 호들갑 떨며 여기저기 알리거나 걱정스러운 눈길로 바라보는 것도 좋지 않습니다. 아이의 마음을 위로하며 충분히 해결할 수 있는 사건이 일어난 것처럼 담대하게 대해야 합니다.

● 사건에 대해 올바르게 정리시켜 주세요

따뜻한 분위기에서 아이에게 무슨 일이 있었는지 물어봅니다. 이때 두 가지 사실을 알려 주어야 하는데, 그 첫째는 아이에게는 아무 잘못이 없다는 것이고, 둘째는 잘못은 아이를 괴롭힌 사람에게 있다는 것입니다.

● 앞으로 어떻게 해야 하는지 알려 주세요

성추행을 당한 아이는 모든 어른을 피하고 밖에 나가지 않으려고 할 수 있으므로 앞으로 어떻게 해야 하는지 구체적으로 알려 주는 것이 중요합니다. 잘 모르는 사람이 데리고 가려고 하면 절대로 따라가지 말 것, 누군가 강제로 몸을 만지려고 하면 소리를 지를 것, 밖에서 놀 때는 사람이 많은 곳에서 놀 것 등을 이야기해 주면 좋습니다.

● 부모가 감당하기 힘들 때는 병원이나 전문 기관에 도움을 청하세요

아이 몸에 상처가 있거나 아이가 힘들어해서 어떻게 해야 할지 감당이 되지 않을 때는 소아 정신과나 성폭력 전문 상담 기관에 도움을 청하도록 합니다. 나중에 법적 처리가 필요할 때 이런 기록은 중요한 증거 자료가 됩니다.

엄마 아빠의
성생활을 들켰다고요?

아이를 키우면서 가장 난처할 때가 부모의 성생활을 들켰을 때가 아닐까 합니다. 서양에서는 아이가 어릴 때부터 다른 방에 재우는 것이 보편화되어 있지만 우리나라에서는 심지어 초등학생이 되어서도 함께 잠을 자는 경우가 많지요. 이런 문화가 나쁘다고는 할 수 없으나 부모의 성생활을 목격할 확률이 높다는 것은 문제점입니다.

❋ 아이 눈에는 어떻게 비칠까?

실제 병원에서 진료를 하다 보면 부모들은 아이가 성생활을 목격한 적이 없다고 했으나, 심리 치료 도중에 아이가 부모의 성생활을 재현한 경우가 종종 있습니다.

3~4세의 아이는 부모의 성생활을 목격하면 몹시 놀라게 됩니다. 이때 아이들은 부모의 행동을 성적으로 해석하기보다는 싸움이나 이상한 행동이라고 생각해 불안을 느끼게 됩니다. 혹은 이 시기의 아이들은 아직도 주 양육자인 엄마에게 의존적이기 때문에 아빠가 엄마를 아프게 한다고 생각하고 아빠에 대해 두려움을 느낄 수 있습니다.

5~6세 이상의 아이들은 부모의 성행위를 성적인 의미로 받아들이고 혼란스러워하는 경우가 많습니다. 이 시기의 아이들은 무의식적으로 이성의 부모를 사랑하고 동성의 부모를 라이벌로 생각하기 때문입니다. 예를 들어, 아빠와 결혼할 것이라고 이야기하는 딸이 부모의 성생활을 목격했을 때 어떤 마음일지 상상해 보세요. 얼마나 혼란스럽고 두려울까요? 실제 이런 경험을 한 아이들이 소변을 지리는 등의 퇴행 행동이나 갑작스런 분리 불안을 보여 병원에 오는 경우도 있습니다.

심지어 어릴 때 부모의 성생활을 목격한 사람 중에는 어른이 되어서도 그 기억이 강렬하게 마음에 남아 이성 교제나 결혼을 하는 과정에서 어려움을 겪기도 합니다. 물론 이런 경험을 한 아이 모두에게 문제가 생기는 것은 아니지만, 큰 충격을 받는 것은 사실입니다. 따라서 부부가 사랑을 나눌 때는 아이들이 볼 수 없도록 해야 합니다. 설사 아이가 자고 있다고 하더라도 반드시 거듭 주의해야 합니다.

✱'결혼한 엄마 아빠가 사랑을 나누는 것'임을 이야기해 주세요

부모의 성생활을 들켰을 때는 놀란 아이의 마음을 잘 풀어 주어야 합니다. 이미 '엎지른 물'이지만 뒷마무리를 잘하면 훌륭한 성교육의 기회가 될 수도 있습니다. 어쩌면 아이보다 더 놀랐을지 모를 자신의 마음부터 잘 진정시키고 아이와 대화를 나눠 보세요. 이때는 아이의 마음을 헤아리는 말로 시작하는 것이 좋습니다.

"엄마 아빠 보고 많이 놀랐지?"

아이가 그렇다고 이야기하면, 그 일에 대해 아이가 어떻게 생각하고 있는지 들어 보세요. 그리고 부모의 성생활이 '엄마 아빠가 사랑을 표현하는 것'이라는 이야기를 해 주는 것이 좋습니다.

"엄마와 아빠는 서로 사랑해서 결혼을 했어. 결혼한 사람들은 서로 사랑하기 때문에 몸으로 사랑을 나눈단다. 그래서 소중하고 예쁜 너를 낳은 거야."

이렇게 해서 부모의 성생활이 더럽거나 이상한 행동이 아닌 자연스러운 것임을 알려 주는 것이 중요합니다.

또한 아이들은 호기심에 자신이 본 것을 재현하는 경우도 있습니다. 이때 절대 아이를 야단쳐서는 안 됩니다. 사랑을 나누는 행위를 부정적으로 생각할 수 있기 때문이지요. 그런 것은 결혼한 엄마 아빠만 할 수 있다는 것과 상대방이 원하지 않을 때는 절대로 해서는 안 된다는 것을 알려 주는 정도에서 상황을 마무리하는 것이 좋습니다.

Chapter 4
좋은 습관

아이가
밥을 안 먹어요

　조금 있으면 유치원 버스를 타러 가야 하는 시간. 하지만 식탁에 앉은 아이는 밥알을 세고 있습니다. 엄마는 어떻게든 한 숟가락이라도 먹이려 애를 쓰지만 아이는 고개만 내젓습니다. 안 먹이자니 영양 결핍이 걱정이고, 달래서 먹이자니 화가 치밀어 오릅니다. 이럴 때는 억지로라도 먹여야 한다는 강박관념부터 버려야 합니다. 그리고 요령을 알면 쉽게 해결될 문제이기도 합니다.

✱ 선천적으로 밥 먹기를 힘들어하는 아이가 있어요

　밥상머리 전쟁을 언제까지 해야 하는지 하소연을 하는 부모들이 많습니다. 형제가 많고 먹을 것이 귀하던 시절에야 밥상만 갖다 놓으면 서로 먹겠다고 달려들었지만 요즘은 먹을 것이 풍부해서인지 아무리 맛난 음식을 차려 놓아도 거부하는 아이들이 많지요.

주는 대로 잘 먹고 탈 없이 잘 자라면 좋으련만 아이가 밥을 잘 먹지 않으면 엄마 아빠는 애가 탑니다. 하지만 아이가 밥을 안 먹는다고 너무 걱정하지 않아도 됩니다. 신체적으로 큰 문제가 없는 아이들은 엄마가 보기에는 잘 먹지 않아 걱정스럽겠지만 성장상 별 탈 없이 잘 자라는 경우가 대부분입니다.

부모가 먹는 문제로 고민하게 되는 시기는 대체적으로 이유식을 시작할 때입니다. 특히 아이가 예민한 기질을 가졌다면 음식의 색 다른 맛이나 촉감, 냄새 때문에 쉽게 이유식을 받아들이지 못합니다. 그러면 엄마 아빠는 행여나 영양 결핍이 될까 봐 억지로 먹이려 하고, 아이는 또 한사코 음식을 거부하게 되지요. 그렇게 밥상머리 전쟁이 시작됩니다.

한번 시작된 전쟁은 5~6세까지 이어집니다. 저도 어렸을 때 먹는 문제로 부모님 속을 썩인 아이였어요. 제 동생은 생선에 고기, 야채까지 없어서 못 먹을 정도로 식성이 좋았지만, 저는 냄새만 이상해도 구역질을 하는 아이였습니다. 때로는 입에 든 음식을 어머니 몰래 뱉은 적도 있어요. 그래서 늘 감기를 달고 살았고, 때로는 보약까지 먹어야 했습니다. 제 어머니는 아직도 그때 이야기를 하시며 혀를 끌끌 차곤 합니다. 하지만 어렸을 때 먹는 것을 그렇게 싫어했어도 전혀 문제없이 무럭무럭 자라서 이렇게 건강한 어른 이 되었지요.

이렇듯 선천적으로 음식 맛에 길들여지는 데 어려움이 있어 먹 는 것을 싫어하는 아이들이 있습니다. 이런 아이들에게 억지로 밥 을 먹이려고 하면, 먹는 행위조차 싫어하게 됩니다. 또 부모와 아 이 사이도 멀어질 수 있지요.

심할 경우 아이들은 먹는 것을 가지고 부모를 조종하기도 합니 다. "껌 주면 먹을 거야", "게임하게 해 주면 먹을 거야" 하고 말이 지요. 이런 수법에 넘어가면 아이 버릇까지 망치게 되므로 주의해 야 합니다.

✳ 아이가 좋아하는 방식으로 원하는 만큼 먹게

아이와 좋은 관계를 유지하기 위해서라도 억지로 먹여서는 안 됩니다. 아이의 건강을 챙긴다는 것이 오히려 아이의 마음을 다치 게 할 수 있기 때문입니다.

아이들은 먹는 것 하나까지도 각각 다른 성향을 가지고 있습니 다. 형제라고 해도 마찬가지입니다. 쉽게 새로운 음식들에 적응을 하는 아이가 있는 반면, 한 가지 음식에 적응하는 데에도 지루할 정도로 시간이 오래 걸리는 아이도 있습니다. 그러니 다른 집 아이가 무엇이든 잘 먹는다고 해서 '내 아이는 왜 이럴까' 하며 조바심을 낼 필요는 전혀 없습니다. 그저 내 아이의 식성에 맞춰 식습관을 들이면 됩니다.

그러면서 식사가 즐거운 일임을 알려 주는 것이 좋습니다. 세상에서 먹는 즐거움이 얼마나 큰데 그 즐거움을 빼앗을 수는 없지 않겠어요?

무엇보다 중요한 것은 마음의 여유입니다. 느긋하게 여유를 가지면서 놀이를 한다는 마음으로 아이에게 가장 좋은 먹을거리와 먹는 방법을 연구해 보세요. 그러다 보면 어느 순간 '이건 잘 먹네?' 하는 음식이 있을 것입니다. 그렇게 조금씩 아이가 맛있게 먹을 수 있는 음식의 수를 늘려 가다 보면 아이도 먹는 것이 즐거운 일임을 깨닫게 되지요.

또한 아이가 밥을 안 먹겠다고 하면 아이 뜻에 따라 주는 것도 방법입니다. 끼니를 잘 챙겨 먹는 것도 중요하지만 아이가 마음 편하게 자기 뜻대로 해 보는 것도 중요하니까요. 이렇게 노력한 결과는 깨끗이 비운 밥그릇으로 돌아오게 되어 있습니다.

✸ 충분히 뛰어놀면 밥을 잘 먹습니다

앞의 방법대로 노력을 기울였는데도 아이의 식습관이 좀처럼 나아지지 않는다면 마냥 두고 볼 수만은 없는 일입니다. 잘못하다가는 정말로 영양 결핍이나 편식 습관이 생길 수 있지요. 이때는 이런 방법이 도움이 됩니다.

먼저 밥을 제대로 먹을 수 있도록 간식은 간식답게, 주식은 주식답게 주는 것이 중요합니다. 간식으로 배를 채우게 해 놓고 밥을 안 먹어 걱정이라고 하는 것은 앞뒤가 안 맞는 말이지요. 또한 밖에서 실컷 뛰어놀도록 시간을 줘서 에너지를 충분히 발산할 수 있게 하세요. 충분히 노는 아이들은 밥도 잘 먹습니다.

즐거운 식사 시간을 만들기 위해 아이와 함께 요리하는 것도 좋습니다. 직접 요리를 해 보면 아무리 먹는 것을 싫어하는 아이라 하더라도 음식에 관심을 갖게 마련입니다. 음식을 차릴 때 아이와 함께 하고, 칭찬을 듬뿍 해 주는 것도 잊지 마세요.

아이에게 식판을 사용하게 하는 것도 좋습니다. 아이가 좋아할 만한 예쁜 식판을 마련해 음식을 조금씩 담아 주세요. 식판에 있는 음식은 모두 먹어야 한다는 원칙을 세우면 골고루 먹는 습관을 기를 수 있습니다.

아이가 먹기 싫어하는 반찬이 있을 때는 먹기 시합을 해 보세요. "우리, 김치 누가 잘 먹나 내기할까?" 하며 동시에 입에 넣고 먹는 것이지요. 또 밥을 먹을 때 감사의 인사를 하게 하는 것이 좋습니다. 아이에게 음식에 담긴 사람들의 노력에 대해 이야기해 주면 아이도 음식을 귀하게 여기는 마음을 갖게 됩니다.

① 밥 먹는 동안에 텔레비전을 보지 않게 해 주세요

아이가 밥을 잘 먹지 않는다고 텔레비전이나 스마트폰 앞에서 밥을 먹게 하는 경우가 있습니다. 이것은 밥을 먹게 하기 위해 더 나쁜 습관을 만드는 것입니다.

② 식사 시간이 지나면 음식을 치우세요

아이에게 밥을 차렸다는 것을 말하고, 엄마 아빠가 밥 먹는 동안 네가 오면 밥을 먹을 수 있지만, 그렇지 않으면 밥을 먹을 수 없다고 알려 줍니다. 만약 아이가 어른들의 식사가 끝난 후에 밥을 달라고 하면 단호하게 주지 않습니다.

③ 따라다니면서 밥을 먹이는 건 좋지 않습니다

밥을 잘 먹지 않는다고 따라다니면서 밥을 먹이는 것은 좋지 않습니다. 한 끼 굶는 것이 안쓰러워 따라다니면서 밥을 먹이기 시작하면 식습관을 바로잡을 기회를 놓치게 됩니다.

④ 아이의 입맛에 맞는 다양한 요리법을 찾아보세요

아이들은 촉감이 거친 음식이나 매운 음식 등을 잘 못 먹는 것이 사실입니다. 아이가 식습관이 너무 나쁘다면 당분간은 아이 입맛에 맞게 요리해 주는 것이 좋습니다. 아이들이 좋아하는 모양의 알록달록한 그릇과 수저 등으로 아이의 시선을 끄는 것도 한 가지 방법입니다.

⑤ 아이의 운동량을 늘려 주세요

요즘 아이들은 예전 아이들에 비해 운동량이 현저하게 줄었습니다. 아이의 활동량을 늘리면 아이가 식사 시간을 기다리게 마련입니다.

게임에 빠진 아이,

어떻게 할까요?

　요즘은 게임 때문에 집집마다 전쟁입니다. 아이는 한번 게임을 시작하면 일어날 줄 모르고 부모는 어떻게든 게임 시간을 줄이려고 하다 보니 큰소리가 나게 마련이지요.

　집에 있으면 무조건 컴퓨터 앞으로 달려가고, 밖으로 나가도 엄마 아빠 스마트폰으로 게임을 하려는 아이. 한번 시작하면 한 시간이고 두 시간이고 상관없고, 때로는 밥 먹는 것도 잊고 화장실 가는 것까지 참으며 게임에 몰두하는 아이.

　한창 뛰어놀아야 할 시기에 아이가 이렇게 게임만 좋아한다면 반드시 바로잡아 줘야 합니다. 게임을 많이 하는 아이는 육체적으로 허약해질 뿐만 아니라 사회성도 기르지 못하게 됩니다. 게임은 결코 안일하게 생각할 문제가 아닙니다.

✱ 대부분 부모의 권유로 시작

2014년 정보통신부와 한국 인터넷 진흥원이 실시한 정보화 실태 조사에 따르면 3~9세 유아의 인터넷 이용률은 78.8퍼센트에 이른다고 합니다. 또 평균 3.2세에 처음 인터넷을 하는 것으로 나타났습니다. 유아 두 명 중 한 명은 거의 매일 컴퓨터를 하고 있는 셈입니다.

아이가 게임을 즐기게 되는 이유는 부모의 영향이 큽니다. 현재 대부분의 가정은 아이들이 게임에 중독될 만한 최적의 환경을 갖추고 있습니다. 집집마다 인터넷 사용 환경이 갖춰져 있어, 컴퓨터로 영어나 한글 등을 익힐 수 있는 다양한 콘텐츠들을 쉽게 접할 수 있지요. 이런 교육 콘텐츠를 외면하기란 쉽지 않습니다. 특히 교육열이 높은 부모들은 좋다고 소문난 콘텐츠가 있으면 서둘러 아이를 컴퓨터 앞에 앉히지요.

문제는 유아용 인터넷 학습 콘텐츠 중에는 게임 형식으로 된 것이 많다는 점입니다. 쉽고 재미있게 배우게 하려는 것이지만 아이들은 이를 통해 자연스럽게 게임을 접하게 됩니다. 단조로운 교육용 게임에 시들해진 아이들은 마우스로 여기저기 클릭하기 시작하고, 누가 가르쳐 주지 않아도 귀신같이 게임 프로그램을 찾아내어 능숙하게 게임을 시작합니다. 이쯤 되면 부모가 뜯어말려도 눈만 뜨면 컴퓨터를 켜게 됩니다.

또한 아이들이 자라 또래 친구를 사귀게 되면 친구의 영향으로 게임을 하게 되기도 합니다. 이때 친구들과 놀려면 게임도 해야 한다며 허용적인 입장을 보이는 부모들도 있습니다. 이런 점을 볼 때 아이들의 게임 중독은 대부분 부모 책임이라 할 수 있습니다.

✴ 쉽게 벗어날 수 없는 게임의 중독성

게임의 중독성은 텔레비전에 비할 바가 못 됩니다. 시각적 자극도 훨씬 세고, 한번 시작하면 멈추지 못할 정도로 흡입력 또한 큽니다. 더군다나 한 번 클릭할 때마다 바로 반응이 나오기 때문에 웬만해서는 주의를 다른 곳으로 돌리기 힘듭니다. 어른도 그럴진대 아이들이야 오죽하겠습니까.

그 폐해는 엄청납니다. 학교에 들어가기 전의 아이들은 친구나 부모, 선생님과의 접촉을 통해 사회성을 기르게 됩니다. 하지만 게임에 중독되어 집에만 있다 보면 다른 사람들과의 접촉이 적어 이런 능력을 키울 수 없게 됩니다. 사회성이 제대로 형성되지 못하면 다른 사람의 생각을 이해하지 못하는 이기적인 성격을 갖게 되고, 자신의 생각을 표현할 줄도 모르게 되지요.

또한 폭력적이고 자극적인 게임에 몰두하다 보면 아이가 폭력적인 성향을 갖게 되기도 합니다. 얼마 전 병원을 찾은 여섯 살의 병준이는 세 살 때부터 게임을 했다고 해요. 아빠가 게임광인데, 아이가 울면 안고 게임을 했다더군요. 처음부터 그랬던 것은 아닌데, 아이가 울 때 게임 장면을 보여 주니 울음을 뚝 그치며 뚫어지게 화면을 쳐다보더랍니다. 그러다 보니 엄마가 집안일을 하는 동안 아빠는 아이를 쉽게 달래려고 컴퓨터 앞에서 아이를 안고 있었던 거지요.

아이는 세 돌이 지나자 스스로 마우스를 움직이고 클릭을 하더랍니다. 그 모습이 신기했던 부모는 "잘한다" 하며 아이를 부추겼지요. 그러면서 아이가 할 수 있는 쉬운 게임을 골라 주었고, 게임을 곧잘 하자 "영재 아냐?" 하며 좋아했다고 하네요.

부모가 문제의 심각성을 느낀 건 매일 폭력적인 게임을 하던 병준이가 현실에서도 폭력성을 드러내기 시작한 후였습니다. 자기 뜻대로 되지 않을 때는 엄마 아빠를 때리고, 심지어는 집히는 물건을 마구 휘두르기도 했다고요. 그제야 엄마 아빠는 걱정스러운 마음에 병원을 찾은 거지요.

아이들은 모방 심리가 강하기 때문에 행동의 옳고 그름을 따지기에 앞서 무조건 따라 하고 봅니다. 또한 현실과 가상 세계를 구분하는 능력이 약해 게임에서 본 내용이 그대로 현실에서도 일어날 수 있다고 생각하지요. 뿐만 아니라 게임의 강한 자극에 빠져 자극이 약한 학습은 싫어하게 됩니다.

✱ 게임보다는 바깥 놀이를 즐기게

아이가 게임에만 몰두할 경우 먼저 그 이유를 알아보아야 합니다. 아이는 밖에 나가 뛰어놀고 싶은데 이런저런 이유로 아이의 욕구를 막지 않았는지 생각해 보세요. 엄마 아빠와 노는 것이 즐겁고, 친구와 노는 것이 행복한 아이들은 절대로 게임에 빠져들지 않습니다. 게임을 하더라도 잠깐 즐기는 정도고, 통제도 쉽지요.

그러니 밖으로 나가 자연의 변화를 느끼며 마음껏 뛰놀게 해 주세요. 아이들은 자연과 가까운 존재이기 때문에 밖에서 실컷 놀다 보면 게임 생각이 사그라지게 됩니다. 또한 아이들에게는 뛰어노는 과정이 곧 학습의 과정입니다. 놀면서 배우고 성장하기 때문에 아무리 지나쳐도 문제가 되지 않습니다. 집 안에서 컴퓨터 앞에 앉은 아이와 실랑이를 하기보다는 맛있는 간식을 싸서 근처 공원으로 나가는 것이 아이의 게임 시간을 줄이는 지름길입니다.

✱ 게임 시간을 엄격히 통제하세요

인터넷이 되지 않는 곳으로 이사가지 않는 이상, 아이로부터 게임을 완벽하게 떼어 놓기란 쉽지 않습니다. 그래서 아이가 어느 정도 자라 스스로 게임 시간을 통제할 수 있기 전까지는 부모가 엄격히 통제해야 합니다. 아이와 협의를 해서 일주일에 몇 번, 얼마 동안 게임을 할지 정하고 부모와 아이 모두 이를 지켜야 합니다. 집에 손님이 왔다고 못 하게 하거나, 아프다고 봐주는 것 없이 언제나 규칙이 적용돼야 하지요.

보통 맞벌이 부모들이 아이의 게임 시간 통제에 소홀할 수 있는데, 저는 이 부분만큼은 무섭게 규제를 하고, 어긋났을 때는 확실한 처벌을 했습니다. 평소와 다르게 단호한 모습을 보이자 아이들은 게임을 하고 싶으면 제게 꼭 전화를 걸어 허락을 받았지요. 그것은 초등학교에 들어가서도 마찬가지였습니다. 게임이 엄마가 무섭게 규제할 만큼 해롭다는 사실을 어릴 때 이미 깨달았기 때문이지요. 아이의 의사를 존중해 주어야 하지만 예외적인 것들이 있습니다. 게임 문제는 특히 그렇습니다. 한마디로, 절대 아이에게 져서는 안 됩니다. 엄마와 약속을 하고 안 하겠다고 마음먹어도 게임이 가진 중독성 때문에 아이 스스로 하고 싶은 마음을 통제하기란 쉽지 않습니다. 그러므로 처음부터 단호한 제재와 규칙이 필요합니다.

✱ 게임 중독을 예방하는 방법

① 아이가 하는 게임의 내용을 파악하세요

아이가 좋아하는 게임의 내용과 문제점을 잘 알고 있어야 통제가 쉽습니다. 폭력적인 게임의 경우 '이런 게임을 많이 하면 너도 게임에서처럼 다른 사람을 때리고 싶어져서 안 된다'고 하면 좀 더 쉽게 게임에 몰두하는 것을 막을 수 있습니다.

② 매일 게임을 하게 하면 안 됩니다

아이와 대화를 통해 게임 시간을 정하도록 합니다. 보통 '하루 30분'으로 정하는 경우가 많은데, 이는 시간의 길고 짧음을 떠나 매일 게임하는 습관을 몸에 배게 한다는 점에서 좋지 않습니다. 그보다는 일주일에 두 번 정도 한두 시간으로 횟수를 정하고 점차 그 횟수를 줄여 가는 것이 바람직합니다. 한번 정한 규칙은 어떤 일이 있어도 지키도록 합니다.

③ 바깥 활동을 많이 하게 해 주세요

집에만 있으면 자연히 게임 생각이 나게 마련입니다. 아이가 게임 중독에 빠지지 않도록 여행이나 나들이를 자주 계획하는 것이 좋습니다. 아이가 밖에서 뛰노는 시간이 많아지면 게임과 비교가 안 되는 진짜 재밌는 놀이가 있다는 것을 몸으로 알게 됩니다.

엄마의 말에 꼬박꼬박 말대답을 해요

아이들과 대화를 하다 보면 때때로 말문이 탁 막히는 경험을 하게 됩니다.

"유치원 가서 친구들하고 싸우지 말고 사이좋게 잘 놀아."

이렇게 이야기하면서 부모들은 "네"라는 착하고 예쁜 답을 기대합니다. 그런데 아이들 입에서는 엉뚱한 말이 나옵니다.

"엄마는 맨날 아빠하고 싸우면서 왜 나는 친구랑 사이좋게 놀아야 해?"

그러면 뒤통수를 맞은 느낌이지만 표정 관리를 하면서 다시 이야기하지요.

"친구 행동이 마음에 안 들면 싸울 수도 있지만, 될 수 있으면 사이좋게 놀라는 뜻이지."

그러면 아이는 또 이렇게 대답을 합니다.

"알았어. 그럼 엄마도 아빠랑 사이좋게 지내."

이럴 때 아이 말에 틀린 구석이 없으니 할 말은 없지만, 부모는 아이의 말대답에 화가 나지요.

✳ 논리를 세우고 지키는 것을 좋아하는 시기

5~6세 아이들에게는 '~해야 한다', '이래야 한다'는 규칙과 나름의 논리를 세우고 그것을 지키는 것이 아주 중요한 발달 과제입니다. 때로는 아이들이 여기에 너무 매달려서 상황에 따라 규칙이나 논리가 달리 적용될 수 있다는 것을 이해하지 못할 수 있습니다. 그만큼 자신도 규칙을 잘 지키려고 애를 쓰고 남들에게도 자신이 정한 규칙을 지키라고 강요하지요. 그래서 자신이 알고 있는 규칙과 반대되는 이야기를 하는 부모의 말에 꼬박꼬박 따지고 들게 되는 것입니다.

아이가 말대답을 한다는 것은 머리가 기가 막히게 좋아졌음을 의미합니다. 이제 아이는 자신이 원하는 대로 일이 되지 않아도 떼를 쓰거나 우는 대신 부모를 설득하려고 듭니다. 자기가 갖고 싶은 물건을 사 주지 않을 때 '그게 없으면 친구들과 놀지 못한다', '너무 갖고 싶으니 생일날 사 달라' 등 제법 논리적인 말을 하기도 합니다. 또한 자기의 생각이나 기분을 말로 정확하게 표현하면서 어른 일이건, 친구 일이건 참견이 많아지지요.

이때 화를 내거나 아이의 말문을 막는 것은 아이의 정상적인 발달을 방해하는 행동입니다. 그보다는 아이의 지능이 발달했음을 기뻐하며 동등한 인격체로 대해 주어야 합니다. 아이의 생각을 자주 묻고 아이의 의견에 대해 부모의 생각을 적극적으로 말해 주며 대화하는 것이지요.

* 무례한 태도는 바로잡아 주세요

때로는 아이의 말대답이 지나쳐 무례함으로 비치는 경우가 있습니다. 이때는 아이의 생각은 이해해 주되 적절한 표현 방법을 가르치는 것이 중요합니다.

① 부모의 말을 무시할 때

"밥을 많이 먹어야 키가 커져" 하며 밥을 먹일 때, "에이, 거짓말. ○○는 나보다 밥 많이 먹는데 나랑 키가 똑같아" 하고 부모 말을 무시하는 경우가 있습니다. 이때는 "그건 그 아이가 이상한 거고!" 하며 아이 말을 잘라 버리기보다는 책이나 인터넷에서 정보를 찾아 엄마 아빠 말이 과학적으로 옳음을 알려 주는 것이 좋습니다.

아이들은 책이나 인터넷에 있는 내용은 무조건 옳다고 믿기 때문에 이렇게 하면 부모 말에 대한 신뢰도도 높일 수 있고, 호기심도 키울 수 있지요.

② 말끝마다 "싫어"라고 대답할 때

"엄마가 하는 말에 네가 무조건 싫다고 하니까 엄마를 싫어하는 것 같이 느껴져" 하고 이야기하며 슬픈 표정을 지어 보세요. 더불어 왜 싫어하는지 그 이유를 들어 보고 적절한 해결책을 찾아 주세요. 여기서 중요한 것은 긍정적으로 감정을 표현하도록 유도하는 것입니다. "무조건 싫다고 하는 것보다는 '엄마, 나는 이렇게 하고 싶어' 하고 이야기하면 엄마 기분이 너무 좋을 텐데" 하고 말이지요.

③ "엄마는 맨날 안 된다고 해!" 하며 화낼 때

부모들이 아이들에게 가장 많이 하는 말 중 하나가 "안 돼"일 것입니다. 이 말을 할 때는 반드시 그 이유를 설명해 주어야 합니다. 예컨대 아이가 겨울에 자꾸 반팔을 입고 나가려고 한다면 "날씨가 추운데 반팔 옷을 입고 나가면 감기에 걸리거든. 네가 감기에 걸리면 너도 힘들고, 엄마 아빠도 마음이 아파"라고 설명해 주는 것이 좋습니다. 또한 부모도 긍정적인 표현을 써야 하지요. "그렇게 하면 안 돼"보다 "이렇게 해 줄래?"가 훨씬 좋은 표현입니다.

④ 할아버지 할머니에게 "그것도 몰라요?"라고 할 때

휴대폰이나 컴퓨터 등 기계에 익숙하지 않은 할아버지 할머니에게 "그것도 몰라요?"라고 말하는 아이들이 있습니다. 이때는 할아버지 할머니의 상황을 아이에게 이해시켜 주어야 합니다. "할머니가 어렸을 때는 이런 기계들이 없었어. 너처럼 어렸을 때부터 이런 기계들을 봤으면 지금 아마 잘 사용하셨을 거야" 하고 말이지요.

예쁘게 이야기하는 아이를 만드는 대화 십계명 (Tip)

1. "안 돼"와 같은 금지의 말보다는 "좋아", "괜찮아" 등 허용의 말을 많이 해 주세요.

2. 아이에게 뭔가를 시킬 때는 "해 줄래?" 하고 부탁하세요.

3. 아이가 무엇이든 스스로 하려고 할 때는 막지 마세요.

4. 아이의 행동 동기를 긍정적으로 해석하고 맞장구를 쳐 주세요.

5. 칭찬받을 일과 야단칠 일을 구분하고 일관되게 지켜 주세요.

6. 아이가 잘못했을 때는 화를 내지 말고 낮고 단호한 어조로 타이르세요.

7. 아이가 부모에 대한 불만을 이야기했을 때 인정할 것은 솔직히 인정해 주세요.

8. 해야 할 것과 하지 말아야 할 것을 논리적으로 말해 주세요.

9. 아이에게 바람직한 대안을 제시해 주세요.

10. 아이의 말을 끝까지 잘 들어 주세요.

나쁜 버릇을
어떻게 잡아 줄까요?

　부모들로부터 자주 듣는 이야기 중 하나가 '아이 버릇을 바로잡으려고 아무리 이야기해도 아이가 달라지는 모습을 보이지 않아 힘들다'는 것입니다. 어떤 엄마는 아이에게 "책상 정리 좀 해라"라고 매일같이 이야기하는데도 스스로 정리한 적이 없다고, 아이가 이상한 게 아니냐며 상담을 요청하기도 했습니다.

　이런 경우 원인은 아이에게 이상이 있어서라기보다는 부모가 자신의 뜻을 제대로 전달하지 못해서라고 할 수 있습니다. 아이에게 가장 효과적인 방법으로 부모의 뜻을 전달해야 하는데 그러지 못하면, 아이는 부모의 말을 '잔소리'로 여기고 큰 의미를 두지 않게 됩니다.

저 역시 제 생각과는 반대로 행동하는 아이들을 볼 때마다 '이걸 혼내야 하나, 말아야 하나' 자주 갈등했습니다. 매일 아침 아무리 깨워도 이불 속에서 뭉그적거리고 있는 아이를 보며 입 안에서 뱅뱅 맴도는 사나운 말을 꿀꺽 삼킨 적도 많지요. 하지만 매번 봐줄 수는 없는 법. 아이의 행동이 도저히 용납할 수 없을 정도에 이르면 작정하고 이야기를 했습니다.

예전에 경모가 연달아 열흘이나 지각한 적이 있었습니다. 경모는 아침잠이 유난히 많은 아이여서, 유치원에 다닐 때도 아침마다 전쟁이 따로 없었습니다. 그런데 이 버릇이 학교에 들어가서도 여전했지요. 그때까지만 해도 시간에 맞춰 깨워 주기만 했을 뿐 지각에 대해서는 크게 나무라지 않았어요. 지각을 하면 학교에서 혼날 테고, 그 정도로 충분하다고 생각해서였습니다. 그런데 열 번이나 연달아 지각한 상황이 되고 보니 안 되겠다 싶었습니다. 혹시 경모가 학교에서 혼나는 것에 무감각해진 것은 아닐까 하는 생각도 들었습니다. 그래서 규칙을 지킨다는 것의 의미를 일깨워 주기로 했지요. 그날 밤 저는 심각한 얼굴로 경모에게 이야기를 꺼냈습니다.

"경모야, 네가 아침에 일어나기 힘들어하는 건 엄마도 잘 알아. 네가 아침잠이 많아서 그러는 거잖아. 아침잠이 많은 사람도 있고, 저녁잠이 많은 사람도 있지. 맞지?"

"네."

"하지만 세상에는 최소한 지켜야 할 규칙이 있어. 학생이 지각을 하지 말아야 하는 것도 규칙이지. 그 규칙을 지켜야 학교생활도 잘할 수 있는 거야."

"네."

"앞으로 노력해 보자. 힘들더라도 일찍 일어나기, 할 수 있지?"

"네."

그날 이후 경모는 일찍 일어나기 위해 노력했고, 지각하는 횟수도 줄어들게 되었지요.

✴ 부모의 말이 잔소리가 되지 않게 하려면

경모가 제 이야기를 귀담아듣고 행동을 고친 것은 제 말이 옳았기 때문만은 아닙니다. 어느 부모가 옳지 않은 말을 하겠습니까. 하지만 아무리 옳은 말이라도 자꾸 하다 보면 잔소리가 되고 맙니다. 평소에 잔소리를 별로 하지 않았기에 제가 건네는 이야기를 경모가 매우 진지하게 받아들일 수 있었던 것이지요.

부모는 자신이 생각한 것과 느낀 것을 모두 아이에게 이야기해서는 안 됩니다. 아이에게 크게 도움이 되지 않는 이야기는 삼킬 수 있는 인내심이 있어야 하지요. 느끼는 대로, 생각나는 대로 바로바로 이야기하면 부모의 권위가 떨어지게 됩니다. 부모의 입에서 나오는 모든 말은 잔소리가 되고 마니까요.

그래서 부모가 생각하기에 정말 중요하다 싶은 메시지를 아이에게 전달하기 위해서는 평소 사소한 잘못은 그냥 넘기는 지혜도 필요합니다. 예를 들어 '책상 정리해라'와 '게으름을 피우지 마라' 중에서 어떤 메시지가 아이에게 더 중요할까요? 물론 가치관에 따라 다르겠지만 아이가 정리는 좀 못해도 게으름 피우지 않는 사람이 되길 바라는 부모가 많을 것입니다. 이때 '게으름 피우지 마라'라는 메시지를 강하게 전달하기 위해서는 '책상 정리해라'라는 말은 참아야 합니다. 그렇지 않으면 '게으름 피우지 마라'라는 말이 '책상 정리해라'와 같은 잔소리 수준으로 뚝 떨어질 수 있습니다.

그래서 부모는 아이에게 이야기를 꺼내기 전에 '꼭 해야 되는 말인가, 아니면 넘겨도 되는 말인가', '지금 당장 해야 할 중요한 말인가, 나중에 해도 될 말인가', '화내지 않고 낮은 목소리로 이야기할 수 있는가'를 항상 판단해야 합니다. 그래야 아이가 꼭 알아야 할 가치를 효과적으로 전달할 수 있습니다.

＊ 하고 싶은 말의 반만 하세요

나쁜 버릇을 바로잡기 위해 이야기를 할 때, 중요한 가치를 전달하고 싶을 때 고려해야 할 것이 또 하나 있습니다. 최대한 감정을 억제하고 이야기하는 것입니다. 만약 제가 경모에게 "경모, 너 이리 와 봐!" 하고 화부터 냈다면, 아이는 '엄마가 심각한 이야기를 하려나 보다'라고 생각하기 전에 기분이 나빠지거나, 혼날까 봐 두려움에 떨었을지도 모릅니다. 아이 역시 감정적이 되어 엄마의 말에 집중하기 힘들었을 것이고요.

그래서 저는 아이 버릇을 바로잡아야 할 필요가 있을 때는 되도록 화를 내는 것도 아니고 웃는 것도 아닌 중립적 표정을 했습니다. 그리고 낮은 목소리로 천천히 이야기를 시작했지요. 이렇게 하면 감정이 섞이지 않은 상태에서 부모의 뜻을 정확하게 전달할 수 있습니다.

하고 싶은 말을 다 했다가는 잔소리가 되기 십상이며 감정이 격해질 수 있습니다. 아이가 받아들일 수 있는 것에도 한계가 있지요. 그러니 언제나 하고 싶은 말의 반만 하세요. 그랬을 때 아이들은 그 말을 놓치지 않고 듣게 됩니다.

Chapter 5
자기 표현

아이가 우물쭈물
말을 못해요

흔히 아기가 울거나 떼쓰지 않고 조용히 있으면 어른들은 순하고 착하다며 흐뭇해합니다. 하지만 아이가 자라서 조잘거릴 시기에 자기 생각을 말하지 못하고 우물쭈물하면 부모는 금방 조바심을 냅니다. 아이에게 뭔가 문제가 있지 않나 그제서야 걱정을 하는 것이지요.

아이가 생각과 감정을 표현하지 못한다는 것은 곧 남과 원활히 의사소통하지 못한다는 의미입니다. 또한 사회성을 떨어뜨리는 원인이 되기도 합니다. 남과 소통할 기회가 줄면, 그만큼 남과 더불어 사는 법을 배우지 못할 수밖에요.

그러니 아이가 자기 생각과 감정을 표현하지 못하고 망설이는 모습을 보인다면 서둘러 조치를 취해야 합니다.

❋ 아이가 위축될 만한 일이 있는지 살펴보세요

표현을 잘 못하는 것과 온순한 것은 다릅니다. 온순한 것은 아이가 가진 기질로, 이런 아이들은 평소에는 말이 없다가도 꼭 해야 할 말은 합니다. 하지만 표현을 잘 못하는 아이들은 자신감을 잃거나 위축될 때 입을 다물어 버리지요. 아이들이 자신의 감정과 생각을 자유롭게 표현하지 못하는 데에는 여러 가지 원인이 있습니다.

평소 엄마가 아이의 말에 건성으로 반응하는 편은 아닌지, 번번이 잔소리를 하거나 핀잔을 주지는 않는지, 혹은 친구들 사이에서 크게 창피를 당한 일이 있는 것은 아닌지 등 먼저 그 원인을 살펴보고 그것부터 해결해야 합니다.

잔소리나 핀잔 같은 부모의 억압적인 언어 습관은 아이를 위축시켜 의사 표현을 제대로 못 하게 할 수 있으니 주의해야 합니다. 평소 친구 관계가 원만하지 못했다면 친구들을 초대하여 아이가 친구 사이에서 기를 펼 수 있도록 도와주세요. 생활 속에서 기가 죽지 않고 당당한 아이가 자기 감정과 생각도 분명하게 표현할 줄 압니다.

그리고 언제나 아이가 하는 말에 관심을 가져야 합니다. 적절히 장단도 맞춰 주면서 아이가 대화하는 즐거움을 느끼게 해 주세요. 그러면 서서히 자신감을 되찾을 것입니다. 아이는 즐거움을 발견하는 쪽으로 자연스럽게 기울게 되어 있으니까요.

✱ 적절한 감정 표현 방법을 모르기 때문

아이는 때로 자기 생각과 감정이 뭔지 잘 모르고 표현 방법도 몰라서 입을 다물기도 합니다.

예를 들어 거미처럼 보이는 그림을 아이에게 보여 준다고 생각해 보세요. 어떤 아이는 "뭐처럼 보이니?"라고 물으면 "거미요"라고는 대답하지만, 그 이유를 물으면 "그냥이요"라고만 할 뿐 이내 입을 다물어 버립니다. 반면 또 어떤 아이는 "거미 같기도 하고 나비처럼도 보이는데요, 자꾸 보니까 무서워요"라고 자신의 느낌과 생각을 말하지요. 평소 아이가 첫 번째와 같은 반응을 보이는 편이라면, 자연스럽게 질문을 이어 가면서 아이에게 표현 방법을 알려주는 것이 좋습니다. "거미 말고 다른 것은 없을까?", "○○는 거미를 직접 본 적이 있니?" 하는 식으로 말입니다. 하지만 대답을 강요해서는 안 됩니다. 아이가 자신의 감정을 스스로 살펴보게 하면서 적절히 표현할 수 있도록 서서히 이끌어 가는 것이 중요합니다.

✱ 단답형으로 대답할 때는 사지 선다형으로 바꿔서

자기표현이 서툰 아이들은 질문에 "네", "아니요", "그냥", "몰라" 등 단답형으로 대답하는 경우가 많습니다. 이때는 아이 입장에서 생각해 볼 수 있는 여러 개의 상황을 제시하고 그중에서 아이의 생각과 일치하는 것을 고르게 해 보세요. 친구가 갑자기 때리고 도망을 갔는데, 분명 화를 내야 할 상황임에도 불구하고 아이가 어쩔 줄을 모르고 가만히 있다고 해 봅시다. 아이에게 기분이 어떠냐고 물었는데 "몰라" 하며 퉁명스럽게 대답했다면 다음처럼 다시 물어보도록 하세요.

"1번 화난다, 2번 속상하다, 3번 참을 수 있다, 4번 싸우고 싶다, 이 중에서 어떤 기분이야?"

이렇게 하면 아이는 자신의 감정을 어떻게 말로 표현하는지 배우고, 그것을 표현하는 게 나쁜 일이 아니라는 것도 깨닫게 됩니다. 또한 감정을 조절하는 방법도 배울 수 있지요.

아이가 말로 생각을 잘 표현하지 못하는 것을 그대로 방치하면, 자라서도 해야 할 말을 못 하고 움츠러들 수 있습니다. 그러면 친구들 사이에서 소외되거나 사회성이 떨어지는 등 더 큰 문제가 생길 수 있으므로 미리부터 적절한 조치를 취할 필요가 있습니다.

＊ 말 잘하는 아이로 키우는 생활 노하우

① 가족회의 시간 만들기
일주일에 한 번씩 정기적으로 가족이 모두 모여 이야기하는 시

간을 만듭니다. 엄마 아빠와 동등하게 대화를 나누다 보면 아이의
표현력이 좋아집니다.

② 어른과 이야기할 기회를 많이 주세요

친구끼리만 대화를 나누는 아이들은 비속어를 많이 쓰는 반면,
어른과 의사소통이 원활한 아이들은 바르고 정확한 표현을 하게
마련입니다.

③ 아이 질문에 끝까지 대답해 주세요

아이가 아무리 하찮은 이야기를 해도 귀 기울여 주고, 성심성의
껏 대답해 주면 아무리 말 없는 아이라도 금방 참새처럼 재잘재잘
말을 합니다.

④ 동시를 많이 읽어 주세요

동시의 짧은 글 속에는 아름다운 표현들이 많이 숨어 있습니다.
때문에 아이의 감성을 자극할 뿐 아니라 표현력과 어휘력도 키워
줍니다.

발표력이
없어요

　유치원 공개수업 날. 선생님의 질문에 "저요, 저요" 하는 아이들 틈에서 한 아이가 잔뜩 웅크린 채 바닥만 뚫어져라 쳐다보고 있습니다. 선생님이 부르니 일어나기는 하는데 고개를 숙이고 몸을 비비 꼬며 기어 들어가는 목소리로 더듬거리는 아이. 만일 그 아이가 내 아이라면 어떨까요. 스피치 학원에라도 보내야 할까요? 아니면 다그쳐서라도 버릇을 잡아 주어야 할까요?

❋ 관건은 자신감입니다

　예전에는 침묵은 금이라고 하여, 자기주장을 하지 않고 남의 이야기를 잘 들어 주는 것이 미덕이었지만 요즘은 정반대입니다. 유치원에 들어가면 발표를 잘하는 아이들은 선생님에게 칭찬을 많이 받고 친구들 사이에서도 인정을 받는 반면, 알고 있어도 발표를 못하는 아이들은 소외되거나 스스로 '나는 바보 같다'라고 느끼기 쉽지요.

평소 수줍음을 잘 타는 아이들은 발표를 하는 데 어려움을 많이 느낍니다. 새로운 상황에 적응하는 속도가 느리고 자기표현이 약한 아이들은 더더욱 발표를 힘들어하지요. 또한 친한 사람들과는 조잘조잘 수다를 잘 떨면서도 낯선 사람들 앞에만 서면 말을 하지 못하고 소극적인 모습을 보이는 아이들도 있습니다.

이런 아이들은 발표할 때 말을 하기는 하는데 요점이 없거나, 기어 들어가는 목소리로 이야기하거나, 발표만 하면 가슴이 콩닥거리고 얼굴이 빨개지는 등의 행동을 보입니다. 이때 대부분의 부모들은 겉으로 보이는 아이의 작은 목소리, 자신감 없는 표정, 불안한 시선, 구부정한 자세 등을 지적하고 고치려 합니다. 그러나 가장 중요한 것은 아이의 자신감을 키워 주는 일입니다.

아이의 자신감을 키우는 방법은 매우 간단합니다. 아이의 모든 말과 행동에 적극적인 호응과 응원의 메시지를 보내는 것이지요. 아이에 대한 기대를 조금만 낮추고 일부러라도 칭찬할 만한 것을 찾아보세요.

❋ 논리력과 설득력을 키우는 질문하기

요즘은 학교에서도 주입식 교육보다는 발표나 토론 수업이 주를 이루고, 입시에서도 면접이 큰 비중을 차지하기 때문에 그 어느 때보다 발표력에 대한 관심이 높아지고 있습니다. 유아 때부터 말하기를 배우는 것이 유행이 되고, 발표력 향상을 위한 학원도 성행한다고 하지요. 물론 그런 교육을 통해 적절한 발성법이나 손동작과 몸짓, 논리적으로 말하는 방법을 배울 수는 있을 것입니다. 그러나 저는 과연 아이들 발표력 향상에 그것이 효과적일지에 대해서는 다소 회의적입니다.

발표력은 자기주장을 조리 있게 펼쳐 상대방을 설득하는 능력입니다. 이 능력은 학원을 다닌다고 생기는 게 아닙니다. 평소 자기 생각과 감정, 욕구 등을 부모나 친구에게 조리 있게 이야기하여 원하는 것을 얻는 과정을 통해 형성되는 것이지요. 그러니 발표력을 키우는 가장 효과적인 방법은 부모와 나누는 일상적인 대화, 그 안에 있습니다.

아이와 대화를 나누며 아이가 설득력 있게 말할 수 있도록 이끌어 주세요. 이 시기의 아이들은 자신의 느낌과 생각을 어른들이 알아들을 수 있게 표현하는 것이 가능하며 어느 정도의 논리력도 갖추고 있습니다. "왜 그렇게 하고 싶은데?", "그러면 어떻게 하는 게 좋을까?", "그렇게 하면 어떤 일이 일어날까?" 등 생각을 유도하는 질문을 이어 가면 아이는 스스로 논리를 세우고 나아가 해결책을 제시하기도 합니다. 이런 식의 대화를 하다 보면 아이는 이제 원하는 것이 있을 때 부모가 무슨 말을 할지 미리 생각해 보고 그에 대한 설득력 있는 답변을 준비하면서 논리로 무장하게 됩니다.

　대화를 할 때는 아이에게 정해진 답을 유도하지 말고 스스로 논리를 세울 때까지 기다려 주는 것이 중요합니다. 아이의 두뇌는 미완성 상태라는 사실을 잊지 마세요. 말하는 도중에 말이 막힐 수도 있고 기대하는 만큼 말을 잘하지 못할 수도 있습니다. 그럴 때 실망하는 기색을 보이지 말고 "좋은 생각이구나" 하며 긍정적인 반응으로 아이를 격려해 주어야 합니다.

아이의 자신감을 떨어뜨리는 열 가지 부모의 말

1. 옆집 ○○는 잘하는데 너는 왜 못하니?
2. 네가 지금 몇 살인데 이렇게 하는 거야?
3. 왜 이렇게 바보같이 그래?
4. 뚝. 조용히 하라고 했지?
5. 한 번만 더 그러면 너 아주 크게 혼난다.
6. 너 자꾸 그러면 경찰 아저씨한테 데려가라고 할 거야.
7. 엄마가 아직 안 됐다고 했잖아. 계속해.
8. 네가 커서 어른이 되면 마음대로 해. 지금은 안 돼.
9. 네가 하는 일이 맨날 그렇지 뭐.
10. 왜 그런 거야? 얼른 이야기해 봐.

잘난 척이
심해요

무엇이든 자기가 하겠다고 나서고, 다 알고 있다는 듯이 행동하는 아이들. 한편으로 보면 자신감 넘치는 모습이지만, 또 한편으로는 볼썽사나울 때도 많습니다.

이런 아이들은 또래 아이들 사이에서 기피 대상이 되기 쉽습니다. 놀이에 끼어들어 이것저것 참견하고 '너희는 나보다 어려' 하는 식으로 무시하면 어린아이라도 당연히 싫겠지요.

부모 입장에서도 이미 다 알고 있는 것처럼 구는 아이를 어떻게 다루어야 할지 난감할 때가 많습니다. 고쳐 주려니 아이의 기를 꺾는 것 같고, 그냥 두자니 친구 사이에 문제가 생길 것 같지요. 하지만 아이의 잘난 척은 잘만 보듬어 주면 심리적인 성장에 큰 도움이 됩니다.

✱ 잘난 척, 아는 척이 심해지는 시기

5~6세 아이들은 엄마 품에서 벗어나 많은 일을 혼자 처리할 수 있게 됩니다. 그에 따라 부모의 역할도 점차 줄어들지요. 0~4세 아이들의 삶에서 부모가 차지하는 비중이 90퍼센트라면, 이 시기 아이들에게 부모의 역할은 50~60퍼센트에 그칩니다. 또한 지능이 발달함에 따라 지적인 호기심도 많아집니다.

이 시기에는 이것저것 아는 것도 많고 할 줄 아는 것도 많아져 아이의 자존감이 무척 높아집니다. 항상 '나는 괜찮은 아이인가?'를 검증하려고 하고, 그 검증에서 '맞다'라는 판단이 내려지면 그것을 누구에게든 자랑하고 싶어 합니다. '잘난 척', '아는 척'이 심해지는 이유이지요.

그러니 아이가 자기가 아는 것을 어떻게든 남에게 말하려 하고, 꼭 해야 할 일을 하고도 "나 잘했지?" 하고 확인하려 하고, 유치원에서 주는 상은 사소한 것까지 모두 받으려 하는 것은 지극히 정상입니다. 하지만 정상 범주에 있다고 해서 마냥 방치해서는 곤란합니다. 대인 관계 등 사회성 발달에 방해가 될 수 있기 때문이지요. 그럴 때에는 "○○가 참 잘해서 엄마가 좋긴 한데, 다른 친구들도 다 함께 잘했으면 더 좋을 것 같아", "다음부터는 동생도 가르쳐 주면 더 훌륭하겠는걸?" 하면서 다른 사람도 함께 배려하도록 유도해 주세요.

✱ 겸손은 나중에 가르쳐야 할 가치

언젠가 한 후배가 여섯 살 난 아들 문제를 의논하러 찾아온 적이
있었습니다. 그 후배는 아이가 다니는 유치원에서 '아동 발달 상
황'에 관한 리포트를 받고 적잖이 당황하고 있었습니다. 그 내용은
이러했습니다.

'규칙을 잘 지키고 남의 모범이 됩니다. 자기 생각을 조리 있게
잘 말하고 친구들과도 잘 어울립니다. 하지만 경쟁심이 강해서 놀
이 상황에서 이기려고 애를 씁니다. 또한 자만심이 강해 겸손함이
요구됩니다.'

"선배가 보기에도 우리 애가 겸손함을 배워야 할 정도로 자만심
이 강해?"

고민의 기색이 역력한 그 후배에게 저는 한마디로 대답해 주었
습니다.

"유치원을 바꾸는 게 좋을 것 같은데? 아무래도 그 선생님은 여
섯 살짜리 아이들을 잘 모르는 것 같아."

불과 여섯 살밖에 안 된 아이에게 '자만심이 강해 겸손함이 요구
된다'고 이야기하는 것은 잘못된 일입니다. 물론 심하게 잘난 척하
는 아이들도 있지요. 그러나 그 나이는 겸손이라는 추상적인 가치
를 배우기엔 아직 어렵습니다. 만약 아이가 지나치게 잘난 척을 한다
면, 거꾸로 자신감이 부족한 탓일 수 있습니다. 불안한 심리가 과

잉 행동으로 드러나는 것이지요. 먼저 아이의 심리 상태를 살펴야 할 일이지, 겸손이야 아이가 자신감이 넘칠 때 가르쳐도 늦지 않습니다.

✳ 잘난 척을 인정해 주면 자신감이 커집니다

따라서 이 시기에는 아이의 잘난 척을 인정해 주는 것이 중요합니다. "뭘 그걸 가지고 그러니?", "그래 너 잘났다", "그런 말은 안 하는 게 좋아" 하면서 아이의 잘난 척을 억눌렀다가는 아이가 정말 가져야 할 덕목인 자신감을 잃을 수도 있습니다.

예컨대, 엄마가 자기 쿠션을 동생에게 주는 걸 본 아이가 이렇게 물었다고 해 봅시다.

"엄마는 지금 내 쿠션을 동생에게 줘서 나한테 미안하지?"

다소 어이가 없겠지만 별 내색하지 않고 "응, 미안해. 그리고 고마워"라고 말해 준다면, 그 순간 아이는 아마도 자신이 동생을 위해 뭔가를 양보했다는 사실을 자랑스러워하게 될 것입니다. 또한 아이의 공치사를 인정해 주는 이 짧은 대화를 통해 아이는 엄마에 대한 믿음, 정서적 유대감 그리고 '나는 진짜 괜찮은 사람이다'라는 자신감 등 참 많은 것을 얻을 수 있습니다.

만약 엄마가 "형인데 동생한테 양보하는 게 당연하지"라거나

"쿠션 하나 갖고 별소리 다 한다"라고 말한다면 아이가 얻는 것은 아무것도 없습니다. 대신 자존감을 잃겠지요.

아이의 잘난 척은 백 번 인정하고 받아 주는 것이 좋습니다. 그래야만 언젠가 아이가 '나는 별로 잘나지 않았다'라고 좌절할 만큼의 고비를 만났을 때, 엄마의 '너는 잘났어'라는 말을 기억하며 꿋꿋이 이겨 나갈 수 있습니다.

Chapter 6
유치원 생활

다른 아이를
때리고 놀려요

경제적으로 유복한 환경에서 자란 아이가 있었습니다. 엄마 아빠는 소위 말하는 명문대 출신으로 하나뿐인 아이에 대한 교육열이 유독 높았습니다.

그 아이는 엄마의 강요에 의해 네 살이 되던 해부터 영어 유치원에 다니기 시작했습니다. 그런데 얼마 지나지 않아 아이는 문제를 일으켰습니다. 함께 공부하는 친구를 아무 이유 없이 때린 것이지요.

영어 공부에 대한 스트레스를 친구를 때리는 행위로 표출한 것입니다. 아이가 이렇게 폭력적인 성향을 보인다면 잘못된 행동 자체를 탓할 것이 아니라 그런 행동을 보인 아이의 마음을 먼저 읽어줘야 합니다.

✱ 억압적인 부모가 폭력적인 아이를 만듭니다

　그 아이를 치료하면서 마음이 참 아팠던 기억이 납니다. 아무 문제가 없었을 아이가 부모의 무리한 욕심과 강요로 인해 그처럼 폭력적으로 변했기 때문이지요.

　아이가 폭력적인 행동을 하는 데에는 여러 가지 원인이 있습니다. 먼저 과잉보호를 받은 경우, 집에서는 부모가 자신이 뭘 하든 그 행동을 다 받아 주지만 밖에서는 그렇게 해 주는 사람이 없어 친구를 때리거나 괴롭히면서 그 욕구를 채우려고 할 수 있습니다.

　또한 기질적으로 활동이 많고 충동적인 아이들이 공격적인 행동을 좀 더 많이 하는 것이 사실이지요. 그러나 그러한 기질을 지녔더라도 부모의 적절한 지도와 감독이 있다면 큰 문제로 발전되지 않습니다. 무엇보다 부모가 지나치게 엄격할 경우 아이가 공격성을 보이기가 쉽습니다. 부모가 아이의 욕구를 지나치게 억압하면 아이는 자기보다 약한 사람을 공격함으로써 그 스트레스를 풀려고 하기 때문입니다.

✱ 폭력적인 영상을 자주 보면 그럴 수 있어요

　요즘 아이들이 좋아하는 만화영화 중에는 폭력적인 것이 많습니다. 특히 남자아이들이 좋아하는 만화에는 폭력적인 장면이 빠지지 않고 등장합니다. 또한 눈에 보이는 폭력이 없다 해도 말을 비아냥거리면서 하거나, 상대방을 무시하는 대화가 많지요. 아이들은 모방의 천재이기 때문에 이런 종류의 만화영화를 자주 접하면 아이 자신도 모르는 사이에 폭력적으로 변하기 쉽습니다.

아이가 폭력적이라면 평소에 자주 보는 만화와 동영상의 내용을 검토하고 폭력적인 성향이 강한 것은 보지 못하게 해야 합니다. 또한 하루에 만화영화를 보는 시간을 정해 두고 지키게 하는 것이 좋습니다. 5~6세 아이들의 경우 하루 30~60분 정도가 적당합니다. 가장 좋은 방법은 만화영화보다 더 재미있는 놀이를 함께 하는 것입니다. 밖에서 공놀이를 한다거나 만들기 놀이를 하면서 아이가 관심을 돌릴 수 있게 해 주세요.

✱ 폭력적인 모습을 목격했을 때는 이렇게

아이들이 보이는 문제 행동 중 공격적인 행동은 또래 관계를 맺는 데 큰 영향을 미칩니다. 공격적인 행동으로 인해 또래 관계 맺기에 실패하게 된다면, 이후의 인간관계도 큰 영향을 받습니다. 그러므로 이 시기에 반드시 바로잡아 주어야 합니다.

① 공격적인 행동을 즉시 중단시켜 주세요

아이가 다른 아이를 때리는 경우 즉시 그 행동을 중단시키고 아이가 화를 가라앉힐 수 있게 사람들과 떨어진 곳으로 데려가세요. 이때 아이에게 화를 내서는 안 됩니다. '아이가 바람직한 표현 방법을 몰라서 그런 것뿐이다'라고 생각하면서 부모의 마음도 가라앉히세요.

② 아이의 감정을 인정해 주세요

아이가 화를 가라앉히는 동안 맞은 아이에게 다가가 "괜찮니? 미안해. 아줌마가 ○○랑 먼저 얘기해 볼게. 조금만 기다려 줘"하고 이야기하는 것도 좋아요. 아이가 진정되었다면 "무슨 일이니?"라고 물어보세요. 이때 아이의 때린 행동을 나무라며 "왜 때렸니? 엄마가 친구들 때리면 안 된다고 했잖아"하는 식으로 이야기를 풀어 가는 것은 좋지 않습니다. 아이가 궁색한 변명을 늘어놓더라도 일단은 아이의 감정을 인정해 주어야 합니다. 그런 다음 지금 기분이 어떤지, 맞은 아이의 기분이 어떨지 물어보면서 아이로 하여금 누군가를 때려서는 안 된다는 것을 깨닫게 해 주세요.

③ 해결 방법을 찾아봅니다

아이의 말을 들은 후 "그때 네가 때리는 것 말고 다른 방법은 없었을까?"하고 질문을 해 보세요. 이때 아이가 제대로 대답하지 못한다면 "때리는 대신, 그거 나 좀 써도 될까? 하고 물어보는 건 어때?" 하며 대안을 제시해 주세요. 때리거나 욕을 하고 물건을 던지는 것은 나쁜 행동임을 분명히 알려 주고, 그것을 대신할 방법을 함께 찾아보는 것이지요.

④ 사과를 하게 하세요

바람직한 대안을 찾았다면 이제 맞은 아이에게 사과할 차례입니다. 자신의 행동이 잘못되었다고 깨달은 아이는 자연스럽게 친구에게 "미안해"라고 말할 것입니다. 때로 사과 받는 친구가 사과 방

언어 지체로 폭력적이 된 호연이 Tip

여섯 살 호연이는 유치원에서 친구들을 괴롭히기로 악명이 높았습니다. 친구들이 싫다고 말해도 아랑곳하지 않고 때리고 울리기 일쑤였고, 유치원 선생님에게 혼이 나도 그때뿐이었어요. 호연이 엄마는 처음에는 이 사실을 믿을 수가 없었습니다. 다섯 살 때까지만 해도 내성적이라 걱정을 많이 했던 아이이기 때문입니다.

병원을 찾은 엄마는 그제야 호연이가 폭력을 쓰는 이유를 알 수 있었습니다. 또래 아이들보다 말이 늦던 아이는 친구들과의 대화에서 말로는 자기표현을 제대로 할 수 없어 폭력을 쓴 것이었어요. 언어 발달이 늦음을 알면서도 크면 나아질 거라 생각하고 방치한 것이 문제였습니다.

또 호연이는 세 살 터울의 동생에게 엄마의 사랑을 빼앗겼다는 피해 의식이 강했습니다. 그리하여 언어 치료와 더불어 엄마에게는 아이가 사랑받고 있다는 느낌을 가질 수 있게끔 많이 안아 주고 같이 놀아 주는 시간을 늘리게 했습니다. 그 후 호연이는 점차 다른 친구들을 괴롭히지 않게 됐고, 호연이의 표정에서는 사랑받고 있는 아이의 안정감이 느껴졌습니다.

법이 마음에 들지 않는다며 까탈을 부릴 수도 있는데, 이때는 그 아이에게 어떤 방법이 좋겠는지 물어보고 타협을 유도하세요.

지기 싫어하고

무엇이든

최고여야 해요

　엄마 아빠가 강요하는 것도 아닌데, 뭐든 배우려고 들고 지기 싫어하는 욕심 많은 아이들이 있습니다.

　몇 해 전 여섯 살 난 딸을 데리고 한 엄마가 찾아왔습니다. 친구들이 무엇을 배운다고 하면 자기도 가르쳐 달라고 성화고, 조금이라도 뒤처지는 것을 무척 싫어한다면서요. 다른 엄마들이 들으면 배부른 소리라고 할지 모르지만 이 엄마는 고민이 깊었습니다. 아이 성화에 못 이겨 학습지를 시켜 줬는데 숙제를 밤늦도록 하기도 하고, 친구한테 조금이라도 밀리는 것 같으면 분해서 아무것도 못할 정도였으니까요. 이렇게 지기 싫어하는 아이에게 무슨 문제가 있는 걸까요?

✦ 관심과 사랑을 원하는 행동

이 아이의 경우에는 단순히 욕심이 많다기보다는 정서 발달에 문제가 있었습니다. 엄마가 직장을 다니고 있어 아이에게 신경 쓸 시간이 부족했고, 또 성격상 아이에게 무심한 경향도 있었습니다. 엄마 스스로는 아이를 편하게 해 주었다고 생각할 수 있지만, 아이 입장에서는 엄마의 사랑과 관심이 무척 필요했습니다. 그래서 배움에 집착한 것이지요. 이런 행동이 심각해지면 정상적인 정서 발달을 저해하여 남과의 경쟁에서 이기는 것을 통해 엄마의 시선을 끌려고 합니다. 그러다 보면 친구 관계도 당연히 나빠지지요.

그러므로 만약 아이가 이 같은 행동을 보인다면 부모 스스로 아이에게 충분한 사랑과 관심을 쏟았는지 먼저 반성할 필요가 있습니다. 그리고 아이가 지는 것에 대한 부담감을 느끼지 않도록 "못해도 괜찮아", "우리 딸 정말 예쁘다" 등의 말로 부모의 사랑을 확인시켜 주세요. 또한 평소보다 더 잘해 주고, 아이와 함께하는 시간을 늘려 보는 것도 좋습니다.

✦ 형제 사이의 경쟁 관계가 원인이 되기도 합니다

둘째 정모가 유치원에 다닐 때의 일입니다. 저는 아이가 미술 대

회에 나갔는지도 몰랐는데 갑자기 제게 오더니 상장 하나를 쑥 내
밀더군요.

"엄마, 나 잘했지?"

"응, 잘했구나."

"그리고?"

"그리고 뭐? 잘했다고 말했잖아."

그 순간 아이 표정이 샐쭉해지더군요. 상을 받아 왔으니 안아 주
며 한껏 칭찬해 주기를 기대한 모양이었지만 저는 그 말만 하고 말
았습니다. 아이가 서운해할 걸 알면서도 그렇게 한 데는 이유가 있
었습니다.

"정모야, 대회에 왜 나갔니?"

"상 받으려고."

짐작한 대로였습니다. 정모는 상을 받으면 남들에게 자랑할 수
있고 칭찬받는다는 사실을 너무나 잘 알고 있었습니다. 그렇게 해
서 자신이 남보다 뛰어나다는 것을 인정받고 싶어 했지요.

그러나 저는 정모의 그런 태도가 앞으로 무언가를 배우고 발전
시켜 나가는 데 있어 위험하다고 생각했습니다. 그렇게 남보다 앞
서는 일에 집착하다가 행여 제 생각대로 되지 않으면 얼마나 큰 상
처를 받겠습니까. 또한 경쟁에서 이기는 것만을 의식하면, 여유 있
게 생각하고 고민하면서 키워지는 창의성은 상대적으로 뒤처질
수 있지요.

정모의 항상 남보다 앞서려고만 하는 성향은 형과의 경쟁에서부터 시작됐습니다. 둘째는 태어나면서부터 형과 부모의 사랑을 나눠 가져야 하기 때문에 그런 성향을 지니기 쉽지요. 그러니 형이라는 존재를 무조건 이겨야 하는 대상으로 바라보지 않도록 부모가 주의를 기울여야 합니다.

✱ 배우는 것 자체에 기쁨을 느끼게

정모는 형이 배우는 것이면 무엇이든 따라 하고 싶어 했고, 그때마다 저는 아이를 말려야 했습니다.

"너 그거 안 해도 괜찮아. 엄마는 네가 그거 잘한다고 좋을 것 같지 않아."

만약 아이가 원하는 대로 하게 했다면 정모는 배우는 즐거움이 무엇인지 모른 채 오로지 형을 이기기 위한 학습에만 관심을 가졌을 것입니다.

칭찬을 받기 위해 또는 보상을 바라면서 하는 학습은 단기적인 효과는 낼 수 있을지는 몰라도 결코 장기적인 처방이 되지는 못합니다.

학습이 제대로 효과를 거두기 위해서는 자신이 정말 좋아서 하고, 자기 스스로 성취감을 느낄 수 있어야 합니다. 만약 아이가 배우는 것에 지나친 욕심을 부린다면, 아이의 어떤 마음에서 그 욕심이 비롯되었는지 살펴보고 때에 따라서는 적당히 제지해 주어야 합니다.

행동이 빠르고 욕심이 많은 ^{Tip} 여섯 살 지민이

여섯 살 지민이는 무엇이든 앞서 가려고 노력하는 아이입니다. 놀이터에서 놀 때는 다람쥐처럼 달려가 그네를 제일 먼저 차지했고, 유치원에서도 늘 먼저 발표하고, 그림을 그려도 제일 먼저 끝냈어요. 이런 지민이를 두고 엄마는 아이가 행동이 빠르고 배우는 것을 좋아한다고만 생각했습니다. 그러던 어느 날 유치원 선생님의 상담 요청을 듣고 깜짝 놀라고 말았습니다. 선생님은 아이가 뭐든지 먼저 하고 잘하려고 하는 것이 수업을 방해한다고 했습니다. 처음에는 '아이가 욕심이 많은 것도 나쁜 것인가' 하는 생각이 들어 엄마는 그런 말을 하는 선생님에게 서운할 뿐이었다고 했습니다.

하지만 선생님과 상담하면서 그제야 엄마는 아이의 문제를 객관적으로 파악하게 됐습니다. 지민이는 수업 시간에 자신의 말만 하려 하고, 다른 친구들의 말을 듣지 않았어요. 늘 자기주장만 하다 보니 친구들과 사이도 나빴고, 선생님에게 지나치게 애정 표현을 요구해 선생님을 힘들게 하고 있었습니다.

엄마는 지민이가 배우는 것에 욕심을 부려 내심 뿌듯했는데 그런 점이 단점이 될 수도 있다는 것을 처음으로 느꼈습니다. 선생님은 지민이가 엄마를 몹시 그리워한다며 아마도 어린 동생에게 사랑을 빼앗기고 있다고 생각하는 것 같다고 전했습니다. 그 후 엄마는 지민이에게 예전보다 더 많이 애정을 쏟으려고 노력하고 있습니다. 지민이에게 될 수 있는 한 애정 표현을 많이 하고 스킨십도 자주 나누고 있습니다. 그 결과 지민이는 쓸데없는 욕심이 줄었고, 유치원에서의 태도도 좋아졌습니다.

같은 어린이집에 3년을 다녔는데 바꿔 주는 것이 좋을까요?

'4세 때부터 어린이집을 보냈는데 학교 들어가기 전까지 같은 곳에 보내면 아이가 너무 지루해하지 않을까?' 하며 고민을 하는 부모들이 있습니다. 처음 교육기관을 선택할 때도 고민을 하지만, 그곳에 어느 정도 적응하게 되면 새로운 자극이 필요하지 않을까 하며 또 고민하는 것이지요.

그런데 교육기관을 바꾸는 문제를 너무 쉽게 여겨선 안 됩니다. 아이의 환경이 바뀌는 것과 어른의 환경이 바뀌는 것은 다릅니다. 아이에게는 환경이 바뀌는 것이 세상이 바뀌는 천재지변이 되기도 합니다. 따라서 이 문제는 아이의 성향을 충분히 파악하고, 아이의 의사를 충분히 고려하여 판단해야 합니다.

✻ 어린이집에서 영어 유치원으로 바꾼 유경이

어느 날 영어 유치원을 다닌다는 일곱 살 유경이가 병원에 왔습니다. 엄마 말이 여섯 살 때까지는 어린이집에 다녔는데, 그때만 해도 친구들 사이에서 놀이를 주도하고 교육 프로그램도 잘 따라가며 재미있게 지냈다고 합니다. 그러다 학교 입학을 앞두고 아이에게 인지적 학습이 더 필요할 것 같아 영어 유치원으로 옮겼는데 아주 소극적인 아이가 되었다는 것입니다.

"선생님 이렇게 아이가 180도 달라질 수도 있나요? 글쎄 참관수업에 가 보니 다른 아이들은 영어 동요도 잘하고 율동도 잘 따라 하는데 얘는 나무 막대기처럼 뻣뻣하게 서 있더라고요. 집에 와서도 유치원 이야기는 잘 하지 않고, 아침에 일어날 때마다 '오늘 유치원 안 가면 안 돼?' 하고 묻곤 해요. 살살 달래서 보내기는 하는데 아이에게 무슨 문제가 있는 게 아닌가 걱정이 되어서요."

우선은 엄마를 나가 있게 하고 아이에게 유치원이 재미있는지 물었어요. 아이는 한참을 망설이다가 '재미가 없다'며 고개를 숙이더군요.

"어린이집 다닐 때는 어땠어?"

"좋았어요. 친구들하고 아주 재미있게 놀았어요."

어린이집 이야기를 하는 아이 얼굴에 생기가 돌았습니다. 이런저런 검사를 해 본 후 종합적으로 내린 결론은 갑자기 바뀐 환경

탓에 아이가 힘들어한다는 것이었습니다. 그동안 같이 있던 친구들이나 선생님과 헤어져 낯선 환경에서, 더군다나 외국인 선생님이 진행하는 수업을 들어야 했으니 아이 입장에서는 전혀 즐겁지 않았던 것이지요.

이처럼 학교 입학을 앞두고 교육기관을 옮기는 부모들이 많습니다. 한곳에 오래 머물다 보면 아이가 지겨워할 수 있고 다양한 경험을 접할 기회가 줄어들지 않겠느냐는 생각에서입니다. 여기에 학교에 들어가기 전에 최소한 한글은 떼야 한다는 생각까지 더해지면 학습을 전문으로 하는 곳을 찾게 됩니다. 다행히 아이가 새로운 교육기관에 잘 적응하면 괜찮지만 그렇지 않을 경우 유경이처럼 자신감을 잃고 소극적인 아이로 바뀔 수 있습니다.

✳ 환경이 바뀌는 것은 아이들에게는 천재지변

아이가 새로운 환경에 적응하는 일은 어렵고 힘든 과정입니다. 어른들도 새로운 직장에 들어가면 적응하느라 애를 먹는데 아이들이야 오죽하겠습니까. 좀 과장해서 이야기하면 환경이 바뀌는 것은 아이들에게는 천재지변과 같은 일이므로 신중하게 결정해야 합니다.

여러 이유를 들며 새로운 환경이 필요하다고 생각하는 건, 새로운 것을 가르치고 싶은 부모의 욕심에 아이 핑계를 대는 것입니다. 한곳에 오래 다닌다고 해서 자극의 기회가 줄어드는 것은 아니며, 같은 교육기관이라 해도 해가 바뀌고 연령이 바뀌면서 교육 프로그램이나 선생님 등 환경에 변화가 생기지요. 오히려 익숙한 상황과 환경 속에서 서서히 변화를 주는 것이 아이에게는 훨씬 효과적입니다.

부득이하게 교육기관을 바꿔야 하는 상황이라면, 아이에게 미리 충분히 설명해 주어야 합니다. 여건이 허락한다면 아이가 덜 낯설어하도록 새로 옮길 곳에 아이를 데리고 몇 차례 방문하는 것이 좋습니다. 또한 아이가 빨리 적응하기를 기대하기보다는 아이가 자신의 속도에 맞게 적응하도록 도와주고 기다리는 여유가 필요합니다.

* 이사를 했을 때는 주변 환경 적응이 먼저

이사는 워낙 큰 변화이므로 아이에게 심적으로 많은 부담이 될 수 있습니다. 부모는 대개 이사하자마자 제일 먼저 새로운 교육기관을 찾아 나서지만, 이 역시 신중해야 합니다. 그렇게 되면 아이가 겪게 되는 변화가 가중되기 때문입니다.

먼저 아이가 새로 바뀐 집에 적응하고 동네의 또래 친구들과도 사귀면서 주변 환경을 익힐 시간적 여유를 갖게 하는 것이 좋습니다. 엄마가 보기에 충분한 시간을 가진 것 같아도 실제로 아이가 적응을 하기 위해서는 더 많은 시간이 필요할 수 있습니다. 그러니 아이의 반응을 살피며 아이에게 충분한 시간을 주어야 합니다. 이렇게 배려한 뒤에 새로운 교육기관에 보내도 결코 늦지 않습니다. 그리고 그때도 아이의 부담을 덜 방법이 무엇인지 찾아 적응을 도와야 합니다. 만약 새로 사귄 친구가 다니는 교육기관에 가게 된다면 아이가 적응하는 데에도 훨씬 무리가 적을 것입니다. 아이는 주변 환경에 익숙해져야 비로소 새로운 자극도 즐기게 된다는 것을 기억하세요.

친구가
너무 없어요

  유치원에 다녀온 아이가 가방을 집어던지더니 놀이터에서 놀겠다며 뒤도 안 돌아보고 나갑니다. '그래 실컷 놀아라' 하며 평화로운 오후의 여유를 만끽하려는 순간, '과연 아이가 친구들과 잘 어울려 놀까?' 하는 궁금증이 생깁니다. 아이 뒤를 따라 놀이터에 나가 본 엄마는 깜짝 놀랍니다. 아이는 친구들과 떨어져 구석에 쭈그리고 앉아 친구들이 노는 모습을 멍하니 바라보고 있습니다.

  "너 왜 여기서 혼자 있어? 친구들하고 같이 놀지 않고."

  엄마가 물으니 아이의 눈에서 닭똥 같은 눈물이 뚝뚝 떨어집니다. 아이는 눈물을 삼키며 모기만 한 목소리로 겨우 이야기합니다.

  "아이들이 나랑 안 놀아 줘."

  이 말에 엄마의 가슴도 무너져 내립니다. 머릿속에서는 왕따니

어쩌니 하는 말들이 왔다갔다 하고, 속상해하는 아이를 어떻게 달래야 할지 막막할 뿐입니다.

✳ 가족 관계에 문제가 있을 때 사회성 발달에 문제

5세 정도가 되면 아이들은 사회성이 발달하면서 부모와 노는 것보다 또래 친구들과 노는 것을 더 즐기게 됩니다. 유치원이나 어린이집 등에서 단체 생활을 하기 시작하면서 친구 관계는 일생일대의 과제라 할 정도로 중요한 문제가 되지요. 그렇기 때문에 아이가 친구들과 잘 어울리지 못하면 부모들은 뜬눈으로 밤을 지새울 정도로 고민을 하게 됩니다.

사회성이란 타인과 잘 어울릴 수 있는 능력이지요. 이 시기에 형성된 사회성은 평생에 걸쳐 영향을 미칩니다. 그러므로 친구와 어울리지 못하는 아이를 내버려 두면 그 성향이 굳어져서 자기 세계에만 집착하는 '천상천하 유아독존' 형이 될 수 있고, 매사에 자신감이 없는 삶을 살게 될 수도 있습니다.

사회성의 바탕에는 엄마와 아이의 관계가 중요한 역할을 합니다. 아이는 엄마와의 관계를 통해서 세상을 배우기 때문입니다. 또한 아빠나 형제도 아이의 사회성 형성에 큰 영향을 미치지요. 3세까지 가족, 특히 엄마와 친밀한 관계를 경험한 아이는 다른 사람들과 세상에 대해서도 긍정적인 기대를 하게 되지만, 그렇지 못한 아이는 친구에게 관심이 별로 없거나 친구를 괴롭힙니다. 또는 친구의 장난을 제대로 받아들이지 못하고 어떻게 대처할지 몰라 머뭇거리게 되기도 합니다.

흔히 부모는 아이가 사회성이 부족한 경우 친구를 사귀면 나아질 것이라 기대하고 교육기관에 아이를 보냅니다. 하지만 집에서 부모, 형제와 관계를 맺기 어려워하는 아이는 유치원에서도 관계를 잘 맺지 못하고 힘들어합니다. 친구나 선생님으로부터 마음의 상처라도 받으면 아예 마음의 문을 닫아 버리기도 합니다.

그러니 이런 경우에는 먼저 가족들과의 친밀도를 높이는 데 집중하는 것이 좋습니다. 아이가 긍정적인 자아상을 가질 수 있도록 칭찬을 많이 하고 즐거운 경험을 많이 쌓도록 도와주세요. 용감해지라고 무턱대고 태권도 학원이나 말하기 학원을 보내는 것은 오히려 부작용을 낳을 수 있으므로 주의해야 합니다.

✱ 사회성이 부족했던 경모가 변화하기까지

첫째 경모는 사회성이 부족한 아이였습니다. 원래 고집이 세고 약간의 불안증도 있던 터라 자꾸만 자기 세계에서 나오지 않으려 했습니다. 이렇게 세상과 접촉하기를 꺼리는 아이의 문제들은 유치원에 다니는 내내 끊임없이 불거져 나왔습니다. 경모는 친구들과 어울리는 대신 혼자서 기차를 가지고 놀고 다 함께 모래 놀이를 하는 시간에 단 한 번도 모래에 손을 대지 않았지요. 뿐만 아니라 푹푹 찌는 날씨에도 내복을 입고 다녔으니 당연히 유치원 아이들은 경모를 멀리 했습니다. 그나마 다행인 것은 친구들이 그러든 말든 경모는 크게 상관하지 않았다는 것입니다. 혼자 놀고 있는 아이를 보고 있자면 억지로라도 끌어다 무리 속에 집어넣고 싶었지만 소용없는 짓인 줄 아니 참을 수밖에 없었습니다.

일단은 경모의 성향을 인정하는 데서부터 시작했습니다. 당시 장난감 기차에 빠져 있던 아이를 위해 다양한 기차 장난감과 기차가 나오는 책을 사 주고 함께 놀아 주었습니다. 될 수 있는 대로 아이의 요구를 들어주고자 노력했고, 드러나지 않게 조금씩 변화를 유도했습니다.

육아에 무관심하던 아빠도 경모와 시간을 좀 더 보내기 위해 노력하기 시작했습니다. 다른 가족들과 만나 폭넓은 관계를 맺을 수 있도록 시댁에도 자주 다녔지요. 몇 년 동안은 여름휴가를 아예 시댁에서 보내기도 했습니다. 또한 유치원 선생님에게는 아이가 돌출된 행동을 보이더라도 조금만 참아 달라고 부탁했습니다.

이때 가장 힘들었던 것은 경모를 보면서 자꾸만 조급해지는 제 마음을 다잡는 일이었습니다. 아픈 아이들과 그 부모들을 만나고, 그들이 변화하는 모습을 지켜보면서 '우리 경모도 언젠가 괜찮아질 거야. 그때까지 믿고 기다리자' 하고 다짐하곤 했습니다.

이러한 노력들을 6개월, 1년 이렇게 기간을 정해 두고 한 것이 아니라, 아예 그 노력 자체가 일상이 되도록 했습니다. 소아 정신과 치료는 육체적 질병 치료와 다릅니다. 감기가 걸리면 감기약을 먹고, 나으면 더 이상 약을 안 먹어도 됩니다. 하지만 심리적인 문제는 조금 나아졌다고 해서 그간의 노력을 끊으면 다시 문제가 발생합니다.

경모에 대한 제 나름의 처방은 어느새 일상이 되었고, 아이를 바꾸기 위해 시작한 것들이 무엇이었는지 잊어버릴 즈음에야 효과가 나타나기 시작했습니다. 초등학교에 들어간 경모는 친구들과 어울리기 시작했고, 좋아하는 친구와는 깊이 사귀기도 했지요. 그때의 기쁨이란 말로 표현할 수 없을 정도였습니다. 경모는 그간의 제 눈물에 보상이라도 해 주려는 듯 친구들과 잘 어울렸고, 지금은 어른으로 성장하여 원만한 대인관계를 맺고 있습니다.

✱ 사회성 높은 아이로 만드는 생활 노하우

① 친구들을 집에 초대한다

아이가 함께 놀고 싶어 하는 친구 몇 명을 초대해서 놀게 하세요. 아이는 자기 집에서 놀기 때문에 심리적 부담감 없이 놀 수 있습니다. 그러다 보면 친구와 노는 재미와 그 방법도 알게 됩니다.

② 아이와 성향이 맞는 친구를 사귀게 한다

아이마다 개성이 있어 잘 맞는 친구와 잘 맞지 않는 친구가 있습니다. 아이는 자신과 잘 맞는 친구가 하나만 있어도 친구들이 놀아 주지 않는다며 속상해하지 않습니다.

③ 부모들끼리 친하게 지낸다

부모들이 친해져서 아이들도 함께 놀게 하면 쉽게 잘 어울릴 수 있고, 아이들 사이에 문제가 생겼을 때도 쉽게 해결이 가능합니다. 여행이나 식사 등 함께할 수 있는 시간을 만들어 보세요.

● 친구 관계에 걸림돌이 되는 행동을 고쳐 주세요

아이에게 충분한 사랑을 주면서 애정 관계를 돈독히 만들었다면 이제는 문제가 되는 아이의 행동을 고쳐 줘야 합니다. 아이의 행동 별로 어떤 노력을 하면 좋은지 소개합니다.

① 놀림을 받는 아이

아이가 연약한 몸짓이나 표정을 하고 있다면 그것부터 고쳐 줘야 합니다. 자세가 구부정하다면 책을 머리에 얹고 걷는 연습을 시키기도 하고, 말을 할 때도 상대방의 눈을 보며 이야기하게 해 주세요. 좋은 건지 싫은 건지 모를 정도로 불명확한 태도는 놀림을 부추기므로 친구들이 자신을 괴롭힐 때 "싫어" 하고 말할 수 있도록 가르쳐 주세요. 또한 아이가 자신감을 가질 수 있도록 아이를 감싸 주고 격려해 주어야 합니다.

② 다른 아이를 괴롭히는 아이

이런 아이 역시 친구들로부터 외면당하기 쉽습니다. 최선의 방법은 왜 친구들에게 친절하게 대해야 하는지 알려 주는 것입니다. 아이의 하루 생활을 관찰해서 아이가 친절한 행동을 하면 그 즉시 과장될 정도로 칭찬해 주세요. 아이들은 부모를 보고 배우므로 부모가 아이를 친절하게 대하면 아이도 바뀌게 됩니다. "자꾸 그러면 밥 안 준다"는 식의 위협적인 말로 아이들의 행동을 바꾸려고 하는 것은 아이를 더 공격적으로 만들 수 있으므로 피해야 합니다.

③ 수줍음이 많은 아이

이런 아이에게는 주변 사람들에게 인사를 하게 하는 것부터 시작하세요. 인사를 못 하고 엄마 뒤로 숨거나 기어 들어가는 목소리로 인사를 하는 것은 다른 아이들과 어울리는 데 방해가 되니까요. 이런 아이들은 여러 명의 아이들과 함께 어울리는 것을 힘들어하므로 아이 성향에 맞는 한두 명의 친구와 깊이 사귈 수 있도록 하는 것도 좋습니다.

④ 자주 삐치는 아이

가정에서 과잉보호를 받고 자란 아이들은 친구들이 자기에게 장난치는 것을 의도적으로 괴롭히려고 그런다고 착각해 자주 삐칩니다. 아이가 친구 때문에 자주 삐친다면 평소 아이를 과잉보호한 것은 아닌지 되돌아보고, "친구들이 너와 놀고 싶어서 그러는 거야" 하며 친구들의 행동을 이해시켜 주세요. 만약 아이의 상처가 너무 깊다면 "나한테 장난하는 게 싫어" 하고 친구에게 직접 표현하도록 가르치세요.

유치원 선생님이
아이에게

문제가 있대요

　아이를 유치원이나 어린이집 등 단체 생활을 하는 곳에 보낸 부모의 마음은 한결 같습니다. 아이가 수업은 잘 따라가는지, 친구들과 사이좋게 잘 노는지 걱정하며 시장 바닥에 유리그릇을 내놓은 것처럼 불안해할 때가 많습니다. 더군다나 유치원 선생님으로부터 아이 때문에 힘들다거나, 아이에게 문제가 있는 것 같다는 말을 들으면 하늘이 무너지는 것 같은 기분이 듭니다.

✽ 아이 입장에서 문제 행동의 원인을 생각하기

"경모 때문에 전화했습니다."

저는 경모를 키우며 유치원 선생님으로부터 정말 많은 전화를 받았습니다. 아무리 마음을 다잡아도 휴대폰 너머로 이 말을 들을 때면 정말 그 자리에 주저앉아 엉엉 울고 싶은 마음뿐이었습니다.

저는 유치원 선생님이 경모 문제에 대해 이야기할 때면 만사 제쳐 놓고 달려가 어떤 상황에서 무슨 문제를 일으키는지 자세히 들었습니다. 그리고 아이가 왜 그런 행동을 했는지 경모 입장에서 생각해 봤지요. 그때의 기억을 떠올려 유치원 선생님의 이야기와 제 생각을 정리하면 이렇습니다.

유치원 선생님 : 경모가 다른 아이와 어울리지 않고 장난감 기차만 가지고 놀아요.

엄마 생각 : 경모가 한창 장난감 기차에 빠져 있어, 친구보다 기차가 더 좋았나 보다.

유치원 선생님 : 1년 동안 아이들이 모래 놀이를 할 때 참여한 적이 한 번도 없어요.

엄마 생각 : 기질이 예민해서 모래를 만지는 것이 더럽다고 생각했구나.

유치원 선생님 : 수업 시간에 집중을 하지 않고 딴짓을 해요.

엄마 생각 : 집중력이 약한 것은 아이 잘못이 아니지. 아니면 수업 내용이 재미없었을 수도 있고.

유치원 선생님에게서 아이에게 문제가 있다는 이야기를 들었을 때 가장 먼저 할 일은 이처럼 아이 입장에서 문제 행동의 이유를 생각해 보는 것입니다. 그래야 정말 내 아이에게 문제가 있는 것인지, 아니면 유치원 선생님이나 교육 방식에 문제가 있는지 명확히 알 수 있습니다. 아이 입장에서 생각하려면 부모가 아이에 대해 잘 알고 있어야 합니다. 아이의 기질, 행동 특성 등을 알아야 그 속마음도 짐작할 수 있지요. 그러기 위해서는 평소 아이에게 충분한 관심을 보이고 늘 지켜봐야 합니다.

✱ 적극적으로 내 아이 보호에 나서세요

문제 행동의 이유를 알았으면 이제는 해결 방법을 모색할 차례입니다. 아이의 기질 때문에 나타나는 문제라면 선생님의 지적으로 상처받았을 아이의 마음을 위로해 주는 것이 첫 번째 할 일입니다. 스스로부터건 외부로부터건 성장기의 아이들은 상처받을 여지가 많습니다. 무언가 견뎌 내고 이겨 내는 힘이 아직 부족하기 때문이지요.

"유치원에서 친구들하고 노는 것보다 기차를 가지고 노는 게 재미있어?"

이렇게 아이 마음을 알아주는 것만으로도 문제의 반은 해결된 것이나 다름없습니다. 그리고 부모가 생각한 아이의 마음과 실제 아이의 마음이 맞는지 확인해 봐야 합니다. 아이가 맞다고 하면 그에 맞춰 해결 방법을 찾고, 아니라고 하면 자신의 행동에 대한 아이의 대답을 기다리세요. 그리고 그에 맞춰 서서히 변화를 유도하는 것이지요.

저는 선생님에게 경모가 기차 놀이할 때는 거기에 집중하고 있을 때니 그냥 놔둬 달라고 부탁했습니다. 만약 그때 제가 선생님 말만 듣고 기차를 가지고 놀지 못하게 했다면 경모는 엄마에게까지 상처를 받아 유치원 생활을 더욱 힘들어했을 것입니다. 내 아이를 보호하기 위해 선생님에게 '내 아이를 내버려 두라'라고 요구하는 용기도 필요합니다.

만약 유치원 선생님이나 교육 방식이 문제일 때는 적극적으로 문제를 제기하거나, 쉽게 고쳐질 성질의 것이 아니라면 유치원을 옮기는 것도 방법입니다.

✱ '기다림'이 가장 큰 무기

제가 소아 정신과를 택한 것도 사실은 경모 때문이었습니다. 비슷한 아이들을 치료하고, 관련 공부를 계속하다 보면 언젠가 무슨 방법이 생기겠지 하는 막연한 바람으로 말입니다.

돌아보면 경모를 키워 온 세월은 늘 숨 막히는 긴장의 시간들이었습니다. 경모 때문에 언제, 어디서, 어떤 연락이 올지 모르는 상황이라 휴대폰도 늘 곁에 두어야 했습니다. 제 사정을 잘 아는 주변 엄마들은 아이 때문에 속상해하다가도 저를 떠올리며 위안을 삼는다고 할 정도였지요.

물론 저 역시 지친 마음에 포기하고 싶은 순간들도 있었습니다. '내 애도 제대로 못 키우면서 어떻게 소아 정신과 의사 노릇을 할 수 있나' 하는 자괴감이 들기도 했습니다. 아이 때문에 선택한 이 길을 또 다시 아이 때문에 포기할 생각을 한 거지요.

그런데 이제 더는 못 기다리겠다고 생각한 순간 경모는 조금씩 달라지는 모습을 보여 주었습니다. 4학년이 되면서부터는 자기가 먼저 공부에 흥미를 느껴 시키지 않아도 책상에 앉기 시작했습니다. 수업 시간에 집중하지 못한다는 전화도 더 이상 오지 않았습니다. 그러더니 수학과 과학에서 두각을 나타내더군요.

아이를 믿고 기다리라고 하면 어떤 부모들은 '그저 신경 끊고 두 손 두 발 놓고 있으라는 이야기냐'라며 이해할 수 없어 합니다. 제가 기다리라고 하는 건 아이를 대책 없이 바라보기만 하라는 뜻이 아닙니다. 주위의 시선이나 환경에 맞춰 아이를 억지로 끌고 가지 말고, 큰 울타리가 되어 아이가 상처받지 않고 본래의 기질을 긍정적으로 발휘할 수 있도록 도와주라는 것입니다.

기다림은 사실 매우 힘든 일입니다만 아이의 인생을 생각하며 멀리 바라봐 주세요. 의사로서, 엄마로서 장담하건대 기다림의 효과는 기대 이상으로 큽니다.

유치원 선생님과 만날 때는 이렇게

많은 부모들이 유치원 선생님과의 만남을 어려워합니다. 혹시나 내 아이에 대한 부정적인 이야기를 들으면 어떻게 하나, 뭐라도 사 가지고 가야 하는 것 아닌가 등을 고민하느라 만남 자체에서 얻을 수 있는 긍정적인 효과는 생각하지 못하는 것입니다. 유치원 선생님과 만나는 목적은 어디까지나 내 아이가 상처를 덜 받고 제대로 교육을 받을 수 있게끔 하는 것임을 잊어서는 안 됩니다. 좀 더 효과적으로 이야기를 풀어 가려면 다음과 같은 자세로 접근해 보세요.

1. 선생님이 부모가 이미 잘 알고 있는 점을 지적한다면 그것을 어떻게 해석하는지 주의를 기울여 들어 보세요. 부모라서 미처 파악하지 못했던 문제점을 알게 될 수도 있습니다.

2. 선생님이 내 아이의 특성을 제대로 이해하지 못할 수도 있기 때문에 부모의 판단이 옳다는 확신이 들면 선생님을 설득할 수도 있어야 합니다.

3. 위의 경우, 설득하지 못하겠다면 객관적인 평가 자료를 활용하세요. 소아 정신과 등 적절한 기관을 찾아가 평가를 받고 그 자료를 증거로 제시하며 선생님을 설득하는 것입니다. 이것은 아이를 이해하지 못한 선생님으로부터 아이가 받을 수 있는 상처를 줄이기 위한 방법입니다.

Chapter 7

책 읽기

책 읽기를
싫어해요

'책 읽기 광풍'이라 부를 만큼 요즘 독서 교육에 열중하는 부모들이 많습니다. 어떤 부모들은 전집으로 한 벽면을 가득 채우고, 그것도 모자라 '다른 책이 없을까?' 하며 여러 사이트와 인터넷 카페를 뒤지곤 합니다. 책 구입도 중독성이 있어 영어 동화책을 사면 수학 동화책이 눈에 밟히고, 수학 동화책을 구해 놓으면 과학 동화나 세계 명작 등 보충해 줘야 할 책들이 꼬리에 꼬리를 물고 부모를 유혹하지요.

이렇게 고르고 고른 책을 아이가 쳐다보지도 않으면 부모는 걱정이 됩니다. 독서 습관은 어렸을 때부터 들여야 한다는데 이러다 영영 책과 멀어지는 것은 아닌지 부모 입장에서는 고민이 아닐 수 없습니다.

✱ 책 읽는 경모 만들기 대작전

저 역시 제 아이에게 책을 읽히기 위해 부단히 싸우던 때가 있었습니다. 경모의 관심은 오로지 기차였습니다. 딸랑이를 가지고 놀 때부터 기차를 좋아하더니 점점 더 기차에 빠져 들어 나중에는 어느덧 직접 조작하고 만드는 수준에까지 다다르게 되었습니다.

세상과 벽을 쌓고 경계하던 아이가 관심을 보인 유일한 것이었기에 처음에는 그러려니 했습니다. 하지만 해를 거듭하면서 문제가 달라졌지요. 아이가 어떤 것에 관심을 보이고 그로 인한 자극을 적극적으로 수용하는 것은 긍정적인 일이지만, 정도가 지나치면 그 시기에 반드시 해야 할 다른 학습을 놓치게 될 수 있습니다. 경모 역시 기차 외에 다른 학습적 자극이 될 만한 것들을 모두 놓치고 있었습니다. 대표적인 예가 바로 책이었습니다.

아이에게 책을 읽히려고 처음에는 선물로 받은 그림책 전집을 집어 들었습니다. 아이는 몇 장 넘겨 보는가 싶더니 이내 시큰둥해 하며 장난감 통으로 직행, 기차를 꺼내 놀더군요. 다른 책을 권해도 마찬가지였습니다. 그나마 처음엔 들춰 보기라도 하더니 나중엔 시선조차 주지 않았습니다. 그 모습을 보면서 화가 치밀어 올랐지만 꾹 참고 아이를 안아 무릎에 앉혔습니다.

"경모야 이것 봐. 여기 예쁜 아이가 있네."

그러나 첫 문장을 미처 다 읽기도 전에 들려온 것은 아이의 고함

소리였습니다. 결국 책을 책장에 다시 꽂아 놓고 경모가 기차를 갖고 노는 모습을 보면서 한숨을 내쉬어야 했습니다.

다음 날 저는 서점으로 달려갔습니다. 아이의 흥미를 끌 만한 색다른 책을 사야겠다는 생각에서였습니다. 특이한 모양의 책뿐 아니라 페이지마다 그림이 튀어나오는 입체 그림책, 음성이 들리는 책까지 신기하고 재미있어 보이는 책들을 한아름 안고 집에 돌아왔습니다. 그리고 아이가 잠든 틈을 타서 기차들을 보이지 않는 곳에 치워 두었습니다. 물론 예상했던 대로 아이는 일어나자마자 울고불고 난리가 났습니다. 엄마를 잃어버렸다 해도 그 정도는 아니었을 겁니다. 그런 아이에게 전날 사 둔 책을 어떻게든 읽혀 보려고 하자 급기야 아이는 책을 바닥에 내동댕이치더군요. 어쩔 수 없이 감춰 두었던 기차를 다시 꺼내 주고 아이를 한참 달래는 것으로 두 번째 시도도 끝나고 말았습니다.

연거푸 실패한 뒤 아예 책을 읽힐 엄두조차 못 내고 여러 날 고민하던 중, 퇴근하여 돌아오니 경모가 신문광고를 뚫어져라 보고 있었습니다. 무슨 광고였는지는 잘 기억나지 않지만 하늘을 향해 기차가 솟아오르는 사진을 한참 동안 바라보던 경모의 모습은 아직도 선명히 떠오릅니다.

그날 저는 다시 서점을 찾았고, 표지에 기차 그림이 그려진 책 한 권을 찾아냈습니다. 아기 기차가 산길을 넘으며 힘들어하다가 엄마 기차의 격려로 무사히 목적지에 다다른다는 내용이었는데, 경모는 그 책을 보자마자 놀라운 관심을 보였습니다. 표지만 보고도 눈이 동그래지더니 한 장을 다 읽어 주기도 전에 다음 장을 넘기려고 안달이었습니다. 며칠 동안 읽고 또 읽더니 내용을 줄줄 외우게 되었지요. 그러다가 어느 날 집에 돌아와 보니 경모 손에는 다른 그림책이 들려 있었습니다. 지난번에 읽히려다가 포기했던 그 책이었습니다. 책 읽기의 열쇠는 의외로 간단했습니다. 그 열쇠는 아이가 좋아하는 분야의 책으로 아이의 관심을 끄는 것이었습니다. 그토록 책을 안 읽어 애를 먹이던 경모는 지금은 누가 봐도 인정할 만한 독서광이 되었습니다.

✳ 아이가 좋아하는 분야의 책부터 시작하세요

아이가 책을 싫어한다면 부모의 과도한 집착으로 인해 아이의 관심사와 상관없이 아무 책이나 들이밀고 있는 것은 아닌지 되돌아봐야 합니다. 다른 학습과 마찬가지로 책 읽기 역시 동기부여가 되어야 합니다. 내 아이가 가장 큰 흥미를 보이는 것이 무엇인지, 무엇을 가장 잘하는지부터 알아본 뒤 아이의 관심사에 맞는 책을 골라 권해 주세요. 그러면서 서서히 다른 분야의 책에 관심을 가질 수 있게 이끌어 주는 것이 좋습니다.

그럼에도 불구하고 아이가 책을 읽기 싫어한다면 아이 스스로 동기를 찾을 때까지 기다려 주어야 합니다. 억지와 강요는 책을 멀리하게 만드는 지름길입니다. 아이 마음이 한번 멀어져 버리면 되돌리기란 정말 힘듭니다. 섣부르게 잡아끌기보다는 느긋하게 기다리는 여유가 필요합니다.

책을 좋아하게 만드는 방법 Tip

1. 아이의 관심사에 맞는 책을 고른다.
2. 부모가 직접 읽어 준다.
3. 일정 기간 안에 정해진 분량을 읽으면 보상을 한다.
4. 읽는 것을 싫어할 때는 이야기로 들려준다.
5. 이야기를 구상하여 아이와 함께 책을 직접 만들어 본다.

아이들이 책 읽기를 싫어하는 이유 Tip

● 텔레비전이나 컴퓨터를 지나치게 좋아하는 경우
텔레비전이나 컴퓨터의 자극에 길들여져 차분히 앉아서 생각을 해야 하는 책 읽기를 싫어할 수 있습니다.

● 사교육을 너무 많이 받을 때
이런저런 사교육으로 아이의 생활이 너무 바빠 조용히 앉아서 책을 읽을 시간이 없으면 자연히 책을 싫어하게 됩니다.

● 교육적 목적으로 책을 보여 줄 경우
한글을 깨치게 하거나 수학 개념을 가르치는 등 지식을 넓히기 위한 수단으로 책을 활용하면 지겨워할 수 있습니다.

● 신체적, 정신적으로 건강에 문제가 있을 때
난시가 있거나 어떤 이유로 인해 정서적 불안 상태에 있으면 책을 잘 읽지 않게 됩니다. 이때는 전문의의 도움을 받아야 합니다.

주변에는
아무 관심이 없고

책만 좋아해요

책 읽기를 싫어하는 아이와 반대로 책만 좋아하는 아이들도 있습니다. 아침에 눈을 뜨자마자 책을 집어 들고, 밥을 먹을 때도 책을 끼고 앉아 먹습니다. 책을 많이 읽다 보니 누가 가르쳐 주지 않아도 스스로 한글을 깨치기도 합니다. 주변 사람들은 '아이가 똑똑해 좋겠다'고 하지만 엄마는 마음이 편하지만은 않습니다. 아이가 책 읽기 말고는 아무 데도 관심이 없으니까요.

✽ 사회성 없는 것이 원인

책만 좋아하는 아이들은 사회성이 결여된 경우가 많습니다. 사회성이 부족해서 사람보다 책이 더 좋아진 경우지요. 엄마와의 애착이 정상적으로 형성되지 못한 경우에도 그 부족함을 책에서 대신 얻으려고 할 수 있습니다.

또한 부모가 아이를 너무 재미없게 키웠을 때도 책에만 관심을 보일 수 있습니다. 돌도 되기 전부터 아이를 끼고 앉아 책만 읽어주고 다른 자극을 주지 않았을 경우, 아이는 책 읽기에만 관심을 갖게 될 수밖에 없습니다. 다른 재미를 찾을 수 없으니 책 읽기가 세상에서 가장 재미있는 일이 되는 셈이지요. 사회성이 부족해 책을 좋아하게 되기도 하지만 이런 경우 거꾸로 사회성 발달에 문제가 생길 수 있습니다.

지나치게 책에 몰입할 경우 생기는 대표적인 문제가 바로 이 사회성 부족 문제입니다. 책에만 탐닉한 아이들은 게임이나 텔레비전에 몰두하는 아이들과 마찬가지로 사회성에 문제가 생깁니다. 책에 빠지다 보니 엄마, 아빠, 선생님, 친구들과 상호작용을 할 수 있는 시간이 그만큼 부족해지기 때문입니다. 무엇이든 지나치면 좋지 않은 법이지요.

병원을 찾은 아이 중에 이런 아이가 있었어요. 유치원 수업 시간에 선생님이 달 이야기를 하며 "지금도 달에서는 토끼가 방아를 찧고 있어요" 하고 이야기를 하자, 그 아이가 "치, 거짓말" 이랬다고 해요. 왜 그렇게 생각하느냐고 선생님이 물으니 아이는 이렇게 대답했답니다.

"달에는 토끼가 살 수 없어요. 산소가 없기 때문이죠. 달에는 분화구가 많은데 지구에서 보면 그게 토끼가 방아 찧는 모습과 같아 보이는 거예요."

여섯 살 아이답지 않은 해박한 지식을 가진 그 아이의 말에 친구들 모두 깜짝 놀라고, 선생님 역시 당황스러워했다고 하네요. 이런 아이가 유치원 수업을 재밌어할 리 없고, 자기보다 한참 모르는 친구들과 어울리기도 힘들었던 것이지요. 한편으로는 책 좋아하는 아이를 만든답시고 아이 머릿속에 과학적 지식만 집어넣은 부모가 한심스럽기까지 했습니다. 여섯 살이면 상상력도 넘치고, 감수성도 풍부할 시기인데 세상을 과학적 지식으로만 바라보고 있으니 안타까울 수밖에요.

❋ 책 읽기를 조금씩 줄이고, 다른 놀이를 하게 해 주세요

책만 좋아하는 아이들은 그 이외의 재미를 느낄 수 있도록 해 주어야 합니다. 아이와 함께 자주 외출을 하거나 가족 여행을 떠나 보세요. 그리고 이 세상에는 재미있는 것이 많다는 사실을 알려 주세요.

단, 갑작스럽게 변화를 시도하는 것은 좋지 않습니다. 기존에 책 읽는 시간이 수치로 따져 10이었다면 9, 8, 7, 6의 순서로 서서히 줄여 나가는 것이지요. 그래야 아이가 스트레스를 받지 않고 부모의 시도를 잘 따라갈 수 있습니다. 그리고 책의 양을 조금씩 줄여 주세요. 눈앞에 책장 가득 책이 꽂혀 있으면 책을 좋아하는 아이는 시선을 빼앗기고 더욱 책에 몰입하게 됩니다.

Chapter 8

입학 준비

초등학교

입학 전

어떤 준비를 해야 하나요?

초등학교 선생님들은 초등학교 입학을 앞둔 아이들이 익혀야 할 '준비 기술'로 연필 제대로 쥐기, 10까지 세기, 자기 이름 쓸 줄 알기 등을 꼽습니다. 그러나 많은 부모들은 말만 그렇지 실제로는 간단한 단어는 읽고 쓸 줄 알아야 하고, 한 자릿수 덧셈 뺄셈 정도는 해야 한다며 조급해 하지요. 최근에는 영어도 일찍 배우는 게 좋다며 미리 배우는 추세입니다.

✸ 가장 중요한 것은 '마음의 준비'

초등학교 입학을 앞둔 남자아이 둘을 상담한 일이 있습니다. 산만하고 한 가지 일에 집중하는 시간이 짧던 이 아이들에게는 '집중력 장애'가 있었습니다. 하지만 저는 두 아이에게 각각 다른 처방을 내렸습니다. 한 아이는 약물 치료와 학습 치료를 받게 했고, 다른 아이에게는 먼저 6개월 이상 부모 상담과 놀이 치료를 하게 했습니다.

앞의 아이는 집중력만 빼고는 충분히 초등학교를 다닐 만큼의 소양을 갖추고 있었습니다. 집중력이 약한 것은 그 아이의 뇌 발달상 특징이었을 뿐이었지요. 그러나 뒤의 아이는 집중력 장애를 치료하기에 앞서 해결해야 할 숙제가 있었습니다. 바로 아이의 사회성을 키워 주는 일이었습니다.

. 그 아이는 다른 사람의 생각과 행동을 따뜻한 시선으로 바라볼 줄 몰랐으며, 집중력이 없는 것보다 철이 없는 것이 더 문제였습니다. 이 아이가 아무런 조치 없이 학교에 들어갈 경우 적응하기 힘들 것은 불을 보듯 뻔한 일이었습니다.

물론 미리 한글을 익히고 연산도 배운다면 학교생활에 적응하기가 좀 더 쉬워지는 면은 있습니다. 그러나 이보다 중요한 것은 학교라는 틀에 적응할 수 있는 '마음의 준비'입니다. '마음의 준비'가 된 아이들은 학교생활이 힘들더라도 즐겁게 적응해 나갈 수 있습니다. 그러나 '마음의 준비'는 되지 않은 채 또래보다 지식만 많다면 학교생활은 재미없고 지루해지기 쉬우며, 단체 생활 적응에도 어려움을 겪게 될 것입니다.

✱ 초등학교 입학 전에 꼭 갖춰야 할 일곱 가지 덕목

학교에서 아이가 잘 적응할지 염려된다면 아이의 학습 능력을 따지기 전에 먼저 아래의 덕목들이 갖추어져 있는지 살펴보기 바랍니다.

① 감정 조절력

감정 조절력은 좋은 기분을 유지하도록 스스로를 조절할 수 있는 능력을 말합니다. 감정 조절력이 뛰어난 아이는 신나서 뛰어다니다가도 그만해야 할 때는 곧 얌전해지고, 화를 내다가도 이내 웃을 수 있습니다. 그러나 이 능력이 떨어지는 아이는 불쾌한 기분을 조절하지 못합니다. 화가 나면 울음을 터트리고, 소리를 지르거나 물건을 던지기도 합니다.

아이의 감정 조절력은 얼굴 표정만으로도 어느 정도 가늠해 볼수 있습니다. 잘 웃고 표정이 다양하면 감정 조절력이 뛰어나고, 맹하거나 뚱한 표정을 자주 지으면 감정 조절력이 떨어지는 경우가 많습니다.

감정 조절력이 떨어지는 아이는 학교에 들어가서 적응하는 데많은 어려움을 겪습니다. 마음에 들지 않으면 마구 짜증을 부리고누가 뭐라 하면 울기부터 하는 아이의 기분을 과연 학교에서 누가맞춰 줄 수 있을까요. 선생님에게 가장 다루기 힘든 아이로 '찍힐'

수도 있고 아이들 사이에서 왕따가 될 수도 있습니다.

사실 아이들이 태어나면서부터 감정 조절력이 있는 것은 아닙니다. 아이가 감정을 내보일 때 주위에서 맞춰 주면 '아, 이렇게 맞추는 거구나' 하며 배우고 내면화하는 것이지요. 따라서 감정 조절력을 키우는 데는 부모의 역할이 절대적일 수밖에 없습니다. 아이가 부정적인 기분을 느끼는 상태가 오래 지속되지 않도록 부모가 옆에서 항상 도와줘야 합니다.

② 충동 조절력

하고 싶은 것을 지금 당장 하지 않고 계획을 짜서 할 줄 아는 능력이 바로 충동 조절력입니다. 백화점에 따라나선 아이가 중간에 아이스크림을 사 달라고 조르지 않고 식품 코너에 갈 때까지 기다릴 줄 안다면 그 아이는 충동 조절력이 잘 발달된 것입니다. 이런 아이들은 친구들과 싸우더라도 끝까지 욕설이나 폭력을 사용하지 않으며, 학교에서도 별다른 문제를 일으키지 않을 것입니다.

충동 조절력이 떨어지면 어떤 일을 제때 끝내기가 쉽지 않으므로 공부에도 악영향을 미칩니다. 결과를 생각하지 않고 하고 싶은 것을 먼저 하고, 시험공부를 해도 앞부분만 하고 말거나 숙제를 제대로 마무리 짓지 못하기도 하니까요.

아이에게 ADHD와 같은 질환이 없는데도 충동을 조절하지 못한다면 부모가 과잉보호를 하거나 과도하게 억압하지는 않았는지 생각해 봐야 합니다. 아이가 요구하기도 전에 알아서 다 해결해 주면 아이는 욕구를 참는 법을 배울 수 없으며, 반대로 아이가 무언가를 요구할 때 무조건 "안 돼!" 하며 엄히 가르치는 부모 밑에서도 아이의 충동 조절력은 발달하기 어렵습니다.

③ 집중력

유치원을 다니는 아이들의 집중력은 대개 15~20분 정도이고, 길어야 30분을 넘기지 않습니다. 그러다가 학교에 들어갈 무렵이면 30~40분 정도 집중할 수 있지요. 물론 아이들에 따라서는 자기가 좋아하는 것을 할 때 1~2시간을 훌쩍 넘기며 빠져 드는 모습을 보이기도 합니다. 그러나 좋아하는 것을 오래하는 것과 집중력은 다릅니다. 집중력은 따분한 것을 참고 해낼 수 있는 능력을 말합니다.

예전에 비해 요즘 아이들은 집중력이 다소 떨어집니다. 이는 텔레비전이나 디지털 기기 같은 매체의 영향이 큽니다. 조금만 재미가 없으면 리모컨으로 채널을 바꿔 가며 방송을 볼 수 있으니 하나의 주제에 대해 깊이 생각해 볼 기회가 부족하지요. 아이의 집중력을 키우기 위해서 우선 텔레비전 시청 시간과 프로그램을 제한할 필요가 있습니다. 완전히 제한하기가 어려울 때는 리모컨을 없애는 것도 한 방법입니다. 일단 걸어가서 채널을 바꿔야 하면 그것이 귀찮아서 이리저리 채널을 바꾸는 버릇이 없어집니다.

컴퓨터 역시 아이의 집중력에 영향을 끼칩니다. 인터넷에서는 클릭만 하면 새로운 페이지들이 열리니 아이들은 그 내용을 제대로 읽어 보기도 전에 조급하게 마우스 버튼을 눌러 버립니다. 컴퓨터게임을 할 때에는 시간과 종류를 정해 부모가 있을 때 하게 하세요. 평소 컴퓨터에 비밀번호를 걸어 두어 아이 혼자 컴퓨터를 사용 못 하도록 철저하게 규제하는 것이 좋습니다. 컴퓨터 사용은 중독성이 강해, 처음부터 습관을 바로 잡지 않는다면 시간이 지날수록 점점 더 통제하기가 어려워집니다.

또한 아이들이 너무 많은 장난감에 둘러싸여 있는 것도 좋지 않습니다. 갑자기 장난감이 많이 생기는 경우에는 시간을 두고 하나씩 가지고 놀게 하는 게 좋습니다. 갈수록 환경 자체가 아이의 집중력을 위협해 오는 만큼 아이 일상의 세세한 부분과 작은 버릇까지 주의 깊게 살펴보는 부모의 자세가 필요합니다.

④ 공감 능력

남이 슬프면 같이 슬퍼하고 남이 아프면 같이 아파하는, 말 그대로 타인의 감정에 공감할 수 있는 능력입니다. 공감 능력이 있는 아이는 다른 아이가 괴롭힘을 당하거나 친구가 아픈 걸 보고 안타까워할 줄 압니다. 반면에 공감 능력이 없으면 무심히 지나치거나, 심지어 남의 고통을 재미있어하기도 합니다.

요즘 아이들은 특히 공감 능력이 부족합니다. 그 원인 중 하나가 부모가 자신의 감정에 공감해 준 경험이 많지 않아서입니다. 부모가 아이에게 이런저런 욕심을 내다 보니 아이의 마음을 헤아리지 않은 채 강요하는 일이 많기 때문이지요. 자신의 감정을 제대로 받아들여 주지 않는 부모 밑에서 자랐으니, 다른 사람의 감정을 이해하는 법을 제대로 배웠을 리 만무합니다.

공감 능력을 키우려면 일단 엄마가 아이의 모든 면을 세심하게 살펴야 합니다. 아이가 다쳐서 울면, 다 큰 애가 눈물부터 보이는 게 걱정스럽더라도 우선은 "정말 아프겠다" 하고 공감부터 해 주세요. 타이르는 말은 "앞으로는 좀 조심하자, 그리고 아프더라도 씩씩하게 참아 보자" 정도만으로도 충분합니다. 만일 평소보다 공부를 많이 시켰다면 "따분하고 힘들지?" 하고 아이의 감정을 먼저 헤아려 주는 것이 좋습니다.

⑤ 도덕성

도덕성은 간단히 말하면 자신의 잘못을 알고 죄책감을 느끼며 같은 잘못을 반복하지 않는 능력입니다. 충동 조절력과 비슷한 것 같지만 이 둘은 다릅니다. 예를 들어 친구에게 폭력을 휘둘렀을 때 충동 조절력이 부족한 아이는 때리고 나서 후회하지만, 도덕성이 부족한 아이는 때려 놓고도 잘못했다 생각하지 않습니다.

도덕성은 사실 가정에서 많은 부분을 책임져야 합니다. 부모가 먼저 공중도덕을 지키고 거짓말을 하지 않으며 다른 사람을 배려할 줄 아는 모습을 보일 때, 아이는 그러한 '공공의 가치'가 중요하다는 것을 깨닫게 됩니다. 평소 내 아이가 '당차고 맹랑하다'는 말을 종종 듣는다면 부모의 생활 태도부터 점검해 보기 바랍니다. 그런 다음 아이가 자신의 행동에 대해 옳고 그름을 판단할 수 있는지 살펴보세요. 집에서 길러지지 않은 도덕성은 학교에서도 절대 길러지지 않습니다. 아이가 잘못을 했을 때에는 그 즉시 지적하여 그것이 잘못된 행동이라는 사실을 알려 주세요. 화내지 않고 왜 잘못인가를 분명히 알려 주는 것이 중요합니다. 아이가 바른 행동을 했을 때에는 아낌없이 칭찬해 주고 그에 따른 적절한 보상을 해 주세요. 처음에는 보상 때문에 바른 행동을 하지만, 그것이 반복되면 바른 행동의 가치를 깨닫게 되고 선행이 주는 즐거움 역시 알게 됩니다. 이와 함께 부모 자신이 평소에 도덕성 있는 생활을 하는 것도 중요합니다. 아이에게 교통질서를 지키라고 말하면서 무단 횡단을 일삼는다면 아이는 부모의 말을 듣지 않게 됩니다. 도덕 교육에 있어 모범을 보이는 것처럼 좋은 방법은 없습니다.

⑥ 사회성

아이에게 친구가 많으면 부모는 아이의 사회성이 뛰어나다고 여깁니다. 그러나 사회성과 친구의 수는 큰 연관이 없습니다. 게다가 컴퓨터게임을 같이 하는 것만으로도 얼마든지 친구를 만들 수 있는 요즘 환경에서 친구의 수는 더더욱 그 의미가 없지요. 진정한 사회성은 내 의견과 친구의 의견이 다를 때 친구의 입장에서 생각해 보고 타협할 수 있는 능력입니다. 그러니 한 사람이라도 오래, 깊이 사귀는 것이 사회성이라 할 수 있습니다.

유치원에 다니는 아이들이 "너는 이거 해, 나는 이거 할게"라며 서로 타협하는 모습을 볼 수 있습니다. 친구와 다퉈도 친구의 입장과 자신의 입장을 비교하며 갈등을 해결할 방법을 찾아가고요. 이렇게 상대의 입장이 되어 자신을 바라볼 수 있는 아이들은 초등학교에 진학해서도 별 탈 없이 지냅니다.

반면 사회성이 떨어지는 아이들은 자기주장만 고집합니다. 갈등 상황에서 상대의 입장이 되어 바라보는 능력이 떨어지기 때문에 무조건 자기 생각만 내세우는 것이지요.

내 아이의 사회성이 어느 정도인지 알려면 평소 친구들과 어떻게 노는지 살펴보고 특히 친구와의 갈등을 어떻게 해결하는지 주의 깊게 지켜보세요. 아이의 사회성을 키워 주려면 아이가 자기 입장만 고집하지 않고 타인의 입장도 고려해 볼 수 있도록 도와주어야 합니다.

⑦ 새로운 지식에 대한 호기심

사람에게는 누구나 새로운 것에 대한 호기심이 있습니다. 아이들은 특히 더해서 새로운 것만 보면 눈을 반짝이며 달려듭니다. 그런데 아무리 새롭고 신기한 것을 보아도 시큰둥한 반응을 보이는 아이들이 있습니다. 새로운 것이 주어져도 "나, 그거 알아요" 하거나 "또 해요?"라는 식으로 지겨워하면서 말이지요. 이런 아이들은 "생각해 보자"라는 말을 제일 싫어합니다. 그러니 당연히 공부에 있어서도 소극적이고 수동적일 수밖에 없습니다.

아이들에게 당연히 있어야 할 호기심을 누르는 것이 무엇일까요? 그것은 다름 아닌 지나친 학습입니다. 학습 역시 새로운 자극이라고 할지 모르겠지만, 호기심은 스스로 느끼고 해결하는 과정을 거쳐 발달합니다. 학습지나 책처럼 같은 형식으로 주어지는 단조로운 학습은 오히려 호기심을 저해할 수 있습니다. 게다가 초등학교에 입학하기도 전에 과도한 사교육에 노출되면 학교에 들어가 이미 알고 있는 내용을 또 공부해야 하니 아이가 지루해할 수밖에 없습니다. 최소한 유치원 때까지만이라도 틀에 맞춘 교육보다 세상을 마음껏 느끼고 탐색할 수 있도록 하는 것이 아이의 지적 호기심을 키우는 지름길입니다.

* 학습 준비, 이렇게 하세요

마음의 준비만으로 초등학교 생활에 잘 적응할 수 있으면 좋겠지만 현실은 그렇지 않습니다. 입학 전에 웬만큼 준비를 시켜 보내는 것이 전반적인 추세이고, 학교에서도 이를 감안해서 진도를 나갑니다. 그러니 최소한의 준비는 해야만 합니다.

학교에 입학하기 전에 너무 어렵지 않은 글자는 읽을 수 있게 해주세요. 수에 있어서는 1부터 20까지는 세게 하고, 10 이하의 수를 이용한 덧셈 정도는 익히게 하면 좋습니다. 이런 준비는 학교에 들어가기 1년 전이면 충분합니다. 늦게 가르칠수록 뇌 발달이 많이 된 상태라서 적은 양의 에너지로 큰 효과를 볼 수 있기 때문에 서두를 필요는 없습니다.

고집이 세서 공부를 하려고 하지 않는 아이는 6개월 전에만 가르쳐도 충분합니다. 아이가 입학하기 전에 부족한 점이 많다 하더라도 처음 1년 동안 상당한 발전을 이루게 되니 조바심 내지 않아도 됩니다. 집에서는 하기 싫다고 하다가도 학교에서 친구들이 잘하는 모습을 보고 자극을 받아 스스로 하는 아이들이 많으니까요.

그러나 이러한 준비들은 오직 아이가 준비 없이 학교에 가서 받게 될지 모르는 상처와 부담감을 줄이기 위해서 하는 것입니다. 다시 말해 학습적 효과를 위해서 하는 것이 아니라는 말입니다. 그러니 너무 욕심내지 말고 아이가 앞으로의 공부를 즐겁게 할 수 있도록 최소한의 것만 준비시키도록 하세요.

아직까지
한글을

깨치지 못했어요

아이가 학교에 들어가기 전에 가장 고민하게 되는 것이 한글 학습입니다. 더군다나 주변에서 누구는 36개월에 책을 줄줄 읽었네, 옆집 아무개는 글짓기까지 하네 하는 이야기를 들으면 아직 글자도 못 읽는 아이가 걱정이 되는 것이 사실입니다. 그래서 부랴부랴 아이에게 한글 학습지를 비롯한 교재들을 들이밀지만 한글 깨치기가 말처럼 쉬운 것이 아닙니다. '내 자식은 내가 못 가르친다더니 정말 그런가 보다' 하며 때론 우울해지기도 합니다.

어떤 교육이든 효과를 거두려면 아이의 발달 과정에 맞춰 진행해야 합니다. 지식을 충분히 받아들일 수 있는 몸과 마음이 되어야 교육의 효과가 제대로 나타납니다.

✴ 6세가 돼야 언어 관련 뇌 발달

뇌 발달 분야 전문가인 서유헌 교수에 따르면 언어나 수와 관련한 학습은 적어도 6세 이후에 시키는 게 좋다고 합니다. 이 시기가 되어야 비로소 언어 발달과 관련 있는 측두엽이나 수학과 물리적 기능을 맡는 두정엽이 발달하기 때문입니다.

그러므로 아이가 한글을 일찍 못 깨쳤다고 고민할 필요는 없습니다. 아이의 뇌가 아직 그런 교육을 받아들일 만큼 발달하지 못한 것뿐입니다. 대신 5세 정도가 되면 종합적인 사고를 할 수 있는 전두엽이 발달하므로 아이들에게 생각할 기회를 많이 만들어 주세요. 끊임없이 상상의 날개를 펴며 다양한 경험을 하게 되면, 학습의 바탕이 되는 사고력이 저절로 커 나갑니다.

✴ 사고력이 바탕이 돼야 한글 교육이 쉬워요

이 시기에는 글자 하나를 아는 것보다 자신이 바라보는 세상에 대해서 생각할 줄 아는 능력을 키우는 것이 중요합니다. 새로운 문제에 부딪혔을 때 나름대로 방법을 모색한다거나, 잘 모르는 것에 대해 스스로 '왜?'라는 질문을 던질 수 있는 사고력이 바탕이 되어야 한글 깨치기도 그만큼 쉬워집니다.

그러므로 충분한 사고력을 갖추지 않은 상황에서 한글 교육을 급하게 시작하는 것은 지양해야 합니다. '옆집 아이는 두 돌 때 한글을 깨쳤다', '여섯 살에 한글을 모르는 아이는 문제가 있다' 라는 식의 이야기에 불안해하지 말라는 뜻입니다. 오죽하면 '아이를 잘 키우려면 옆집 아이 이야기에 귀를 닫아야 한다' 라는 말이 있을까요.

사고력의 바탕 없이 글자만 외우고 숫자를 익히게 하면 아이는 그저 '암기의 명수'로 자라게 됩니다. '암기의 명수'가 되면 한글뿐만이 아니라 모든 학습을 이해나 사고가 아닌 암기로 받아들이게 됩니다.

✱ 입학 전 한글 교육은 늦을수록 좋아

큰아이 경모가 한글을 깨친 것은 입학하기 2개월 전이었습니다. 요새 분위기 같으면 아이가 그때까지 글을 읽지 못한다는 것은 말도 안 되는 일이라 할지 모르겠습니다. 하지만 딱 두 달간의 공부만으로 경모는 한글을 배울 수 있었습니다. 이는 아이에게 특출한 재능이 있어서가 아닙니다. 언어를 담당하는 뇌가 그만큼 충분히 발달했기 때문이지요. 만약에 그 고집 센 아이에게 어릴 때부터 한글을 가르치려 들었다면 오히려 정서적인 문제만 더 커졌을지 모룹니다.

한글 교육은 늦으면 늦을수록 좋습니다. 아이가 충분히 준비되었을 때 시키면, 어릴 때 백번 시켜야 겨우 될 것이 한 번에 바로 해결되는 경우가 많습니다.

✳ 생활 속에서 글자를 통으로 외우는 것부터 시작

아이들에게 자음과 모음을 먼저 익히게 하고 그것을 바탕으로 한글을 가르치는 것보다는 글자 자체를 통으로 익히게 하는 것이 훨씬 편하고 효과적입니다. 왜냐하면 이 시기에는 자음과 모음이 합쳐져서 글자가 되는 원리를 이해하는 것이 뇌 발달상 어렵기 때문입니다. 아이마다 차이가 있지만 5세 아이들의 경우 그런 식으로 분석하는 것 자체가 불가능합니다. 만일 이 시기의 아이가 자음과 모음부터 배워 한글을 익히고 있다면 그것은 이해하는 게 아니라 그냥 외우는 것입니다.

일반적인 경우 아이가 한글을 익힐 때는 가장 먼저 글자 자체를 통으로 외웁니다. 이 경우 대개 아이가 평소 좋아하는 것에서부터 시작되지요. 아이가 좋아하는 과자 봉지에 쓰인 글자를 어느 순간 읽게 되는 것이 바로 이 원리입니다. 자기가 좋아하는 것이니만큼 평소에 관심을 가지고 봤을 테고, 그렇게 봉지에 적힌 글자를 마치 그림을 보듯 통째로 눈에 익히는 것이지요. 그런 다음 생활 속에서 그와 비슷한 글자를 보면 읽게 되고, 그것이 이어져 자연스럽게 한글을 익히게 됩니다.

아이에게 한글을 가르칠 때 학습식으로 접근해서는 안 됩니다. 아이로 하여금 다양하게 사고할 수 있는 기회를 빼앗기 때문이지요. 한글 학습이라는 틀에 아이를 가둠으로써 창의력을 죽일뿐더러 아이가 세상을 다양하게 보고 제 나름대로 해석할 기회를 막게 됩니다.

효과적인 한글 교육법 Tip

1. 사고력이 갖춰질 때까지 기다려 주세요.

2. 다양한 경험으로 한글에 대한 관심을 높여 주세요.

3. 거리 간판이나 과자 이름 등을 통으로 가르치는 것도 좋습니다.

4. 재미있는 동화책을 많이 읽어 주세요.

5. 집 안 곳곳에 사물 카드를 붙여 두세요.

쓰기도 따로
가르쳐야 하나요?

어느 날 다섯 살 난 딸의 학습 문제로 병원을 찾은 엄마로부터 이런 질문을 받았습니다.

"아이가 한글을 곧잘 읽곤 하는데 쓰기도 따로 가르쳐야 하나요? 가르친 적은 없는데 지금 보면 글자를 대충 그려 내고 있어서 제대로 가르쳐 줘야 할 것 같아서요."

아이가 한글을 어느 정도 읽게 되니 이번에는 쓰기에 대해 궁금해진 것이지요. 쓰는 능력은 읽는 능력과 약간 다릅니다. 연필을 손에 쥐고 움직일 수 있는 손의 미세 운동 능력도 있어야 하고, 단순히 그리는 것이 아니라 의미를 해석해 낼 수 있는 사고력도 필요하기 때문입니다.

✳ 젓가락으로 음식을 집을 수 있을 때 시작

언제 쓸 수 있는가는 아이마다 개인차가 큽니다. 인지능력과 미세 운동 능력이 동시에 발달해야 가능하기 때문입니다. 쓰기가 가능한 미세 운동 능력은 어느 정도를 말하는 것일까요? 대개 젓가락으로 음식을 집을 수 있는 정도입니다. 연필로 그냥 선을 긋는 것과 글씨를 쓰는 것은 다르므로 그 정도는 되어야 글자를 그려 낼 수 있습니다.

저는 병원에서 아이의 신경계 성숙도를 보기 위해 글을 써 보게 합니다. 정상적인 경우 글을 쓸 때 나머지 손이 움직이지 않고 가만히 있지만, 미세 운동 능력이 덜 발달된 아이들은 나머지 손도 함께 움직입니다. 이런 아이에게 너무 일찍 쓰기를 강요하면 쓰기를 싫어하게 될 수 있습니다. 그러니 쓰기 교육은 인지 발달뿐 아니라 신체적 발달 상태를 잘 고려해 그 시기를 선택해야 합니다.

✳ 아이에 따라 편차가 큽니다

대개 읽는 것을 먼저 하고 그 다음에 쓰기가 이루어집니다. 두 가지가 동시에 이루어진다는 견해도 있지만 발달학적 측면에서 보면 쓰기는 읽기가 어느 정도 된 다음에야 가능합니다. 아이에 따라 읽는 것은 빨리 했는데 쓰기가 늦어져 부모의 애를 태우는 경우도 있습니다. 그러나 이런 아이들 대부분은 스스로 필요성을 느끼고 연습을 시작하면 언제 그랬느냐는 듯 쓰기에 익숙해집니다.

이때 쓰기 연습을 시킨다고 무작정 글자를 따라 쓰게 하는 부모들이 있습니다. 학습지로 가르치는 예가 대표적입니다. 하지만 글자의 조합, 단어의 의미 등을 모른 채 글자를 쓰는 것은 그림을 보고 따라 그리는 것과 다르지 않습니다. 또한 아이에게 쓰기 공부를 강요하면 스트레스를 받아 오히려 더 배우기를 어려워할 수 있습니다. 그러니 아이 스스로 준비될 때까지 기다려 주어야 합니다. 발달 특성상 정상 범주라 하더라도 아이에 따라 그 편차가 있게 마련이므로, 작은 차이를 가지고 혹시 문제가 있는 것은 아닐까 하고 전전긍긍할 필요는 없습니다.

☀ 재미있는 놀이로 쓰기 가르치기

이 시기에는 모든 학습이 놀이처럼 이루어져야 효과가 높습니다. 쓰기를 가르친다고 해서 쓰기 공책을 놓고 네모 칸에 반듯반듯하게 쓸 것을 강요하기 보다는 일상생활에서 쓰기가 얼마나 재미있는지를 직접 느낄 수 있게 해 주는 것이 좋습니다. 놀이하는 것처럼 쓰기를 가르치는 방법을 몇 가지 소개해 보겠습니다.

① 아이가 원하는 것 쓰게 하기

마트나 시장에 갈 때마다 아이에게 이렇게 이야기해 보세요.

"○○가 먹고 싶은 것을 써 주면 엄마가 사 올게."

이렇게 동기부여를 확실하게 해 주면, 아이는 글씨 쓰는 게 어렵더라도 해 보려고 합니다.

② 편지 쓰기

특히 여자아이들은 편지 쓰기를 좋아합니다. '사랑해', '안녕' 등의 말을 쓰면서 즐거움을 느끼는 것이지요. 엄마가 먼저 아이에게 사랑의 편지를 쓰면 아이는 더욱 즐겁게 편지를 쓰게 됩니다.

③ 손가락으로 글씨 쓰기 게임하기

손가락으로 등에 글씨를 쓰면 알아맞히는 놀이를 해 보세요. 자연스럽게 글씨 쓰기 연습을 할 수 있습니다.

Chapter 9

부모 마음

첫째보다
둘째가
더 사랑스러워요

　두 명의 아이를 키우고 있는 엄마들은 종종 이런 이야기를 하곤
합니다. "첫째보다 둘째가 더 예쁘고 사랑스러워요. 둘 다 내가 낳
았는데 어떻게 이럴 수 있을까요? 첫째는 하는 짓마다 미워 보이
고, 둘째는 뭘 해도 예뻐 보여요. 둘째가 없었으면 무슨 재미로 살
았을까 싶을 정도예요. 심지어 짜증 내고 울 때도 볼에다 뽀뽀를
하게 된다니까요."

　이러면서도 엄마들은 혹시 첫째가 그 마음을 알아채고 상처를 받
는 건 아닌지 노심초사합니다. 열 손가락 깨물어 안 아픈 손가락이
없다는데, 낳은 자식 중에서도 유독 예쁘거나, 유독 미운 자식이 있
는 것을 보면 옛말이 다 맞지는 않다는 생각이 들기도 하지요.

✹ 하늘이 주신 선물 같았던 둘째, 정모

둘째가 더 사랑스럽다는 말을 하는 엄마들이 있습니다. 사실 저도 거기에 맞장구를 친 적이 많습니다. 3년 동안 큰아이를 키우며 지쳐 있던 저에게 둘째 정모는 하늘이 주신 선물 같기만 했습니다. 미국에 있는 동안 연구의 일환으로 둘째가 발달 검사를 받게 되었는데 전 영역에서 또래보다 최소 1년 이상 빠르다는 결과가 나왔습니다. 검사를 지켜본 미국인 동료들이 "영재반에 가야겠다"라고 말할 정도였습니다. 하나를 가르치면 열을 아는 것 같은 정모를 보는 일은 큰 기쁨이었습니다. 정모 같은 아이라면 몇 명도 더 키울 수 있다고 남편에게 농담을 했을 정도입니다. 지금 생각해 보면 경모를 보며 주름 짓던 얼굴이 정모를 바라볼 땐 저도 모르게 활짝 펴졌던 것 같습니다.

대부분의 부모는 첫째보다 둘째를 더 좋아하게 됩니다. 셋째가 태어나면 둘째보다 셋째를 더 좋아하게 되지요. 그래서 대부분의 가정에서 막내는 늦게까지 아기 취급을 받고, 그로 인해 의존성이 강해져 부모로부터 심리적인 독립이 늦어지는 경향이 있습니다.

이미 첫째를 키운 부모들은 그간의 경험 덕에 둘째를 수월하게 키우게 마련인데, 그것을 '둘째가 순해서'라고 착각하곤 합니다. 또한 둘째가 태어날 즈음이면 첫째는 한창 사방팔방 뛰어다니며 꼬박꼬박 말대답을 할 나이이지요. 그러니 품에 안겨 천진난만

한 표정으로 재롱을 떠는 둘째가 더 예뻐 보일 만도 합니다. 부모의 예쁨을 받는 둘째는 부모의 관심을 더 얻기 위해 더 예쁜 짓을 하게 되고, 이는 또 부모의 사랑을 불러 오지요. 이런 모습에 첫째는 소외감을 느끼고 부모의 사랑을 빼앗아 간 동생에게 심술을 부리기도 합니다. 그러다 보니 엄마 아빠 눈에는 첫째가 날이 갈수록 말썽쟁이가 되는 것 같을 수밖에요.

기대 수준이 다른 것도 둘째를 좋아하게 되는 원인이 됩니다. 첫째에게는 기대가 커서 아이의 행동이 눈에 차지 않는 경우가 많지만 둘째에게는 기대 수준이 낮아 조금만 잘해도 크게 칭찬하게 됩니다. 첫째를 키울 때는 "이제 여섯 살이면 혼자서 밥을 먹어야지" 하고 생각하지만, 둘째가 여섯 살이 되면 "아직 어린데 먹여 줄 수도 있지 뭐" 하고 너그러워지는 것입니다.

이는 어찌 보면 자연스러운 현상이지만 두 아이에 대한 다른 태도를 아이들에게 들켰을 때는 여러 가지 문제를 야기하게 됩니다. 첫째와 둘째 사이에 벽을 만들고, 두 아이 모두에게 정서상 좋지 않은 영향을 미칠 수 있으므로 주의해야 합니다.

✱ 비교는 아이들 마음에 상처만 남길 뿐

큰아이 경모 역시 둘째를 대하는 제 태도와 마음을 모르지는 않았을 것입니다. 한집에 살다 보니 숨기고 싶어도 숨길 수 없는 게 아니었을까 싶습니다. 워낙 주변에 관심이 없던 큰아이지만 지금 생각해 보면 속으로 참 많이 서운했을 것 같아 미안한 마음이 듭니다.

하지만 결론을 말하자면 둘째를 키우는 것도 경모를 키울 때만큼이나 어려웠습니다. 무엇을 가르치든 빨리 받아들이고 잘 따라오니까 이것저것 시키고 싶은 게 많아지고, 하는 것마다 잘한다는 소리를 들으니 점점 더 욕심을 내게 되었습니다. 결국 제 이런 욕심은 공부에 대한 스트레스를 키우는 결과를 낳고 말았습니다. 유치원에 다니던 정모가 공부 스트레스로 거짓말까지 하는 것을 보며, 믿는 도끼에 발등 찍힌 기분이 들더군요. 그리고 비로소 제 모습을 반성하게 됐습니다.

둘째가 더 사랑스럽다고 이야기하는 엄마들 중에도 저와 같은 경험을 한 사람들이 있을 것입니다. 그렇지 않다면 앞으로 경험하게 될 것입니다. 지금 당장에야 둘째가 예뻐 보일지 몰라도 아이들은 어디로 튈지 모르는 럭비공 같기 때문에 언제 어떻게 변해서 부모를 당황하게 만들지 모릅니다. 따라서 아이가 보여 주는 지금 현재의 모습에 일희일비하기보다는 아이의 모습 그대로를 인정하고 받아들이는 것이 중요합니다.

그 이후로 저는 두 아이를 똑같이 사랑하기 위해 애썼습니다. 경모는 경모대로 사랑스러운 점을 찾아 칭찬해 주었고, 정모에게는 정모가 감당할 수 있는 만큼의 관심을 주려고 노력했습니다. 그랬더니 어느 순간 경모도 정모만큼 사랑스러운 아이이고, 정모 역시 제 모든 근심을 사라지게 할 만큼 완벽한 아이가 아니라는 걸 깨달았습니다. 그 순간 저는 '열 손가락 깨물어서 안 아픈 손가락이 없다'는 옛말이 정말 맞는 말임을 알았지요.

둘째가 사랑스럽다는 엄마들은 사사건건 큰아이와 동생을 비교합니다. "동생은 이렇게 하는데 너도 해 봐"하면서요. 심하게는 "어떻게 동생만도 못하니" 하며 혼내기까지 합니다. 비교만큼 나쁜 것은 없습니다. 더군다나 남도 아닌 형제끼리의 비교는 아이들에게 큰 상처를 줍니다.

✳ 모성은 본능이 아니라 연습으로 완성됩니다

직장을 다니느라 첫아이를 3년 동안 할머니에게 맡겨 키운 엄마가 있었습니다. 둘째를 임신하게 되자 직장을 그만두고 아이를 데려왔습니다. 지금껏 제대로 주지 못한 사랑을 맘껏 주겠다고 결심하면서 말이지요. 하지만 둘째가 태어난 뒤 둘째는 그저 보고만 있어도 좋은데, 첫째에게는 좀처럼 그런 마음이 들지 않아 오히려 당황스러웠다고 합니다. 물론 특별히 차별을 하는 것은 아니었지만 첫째는 의무감에서, 둘째는 마음에서 우러나 잘해 주게 된다는 것이었습니다.

힘들어도 내 손으로 직접 키운 아이에게 더 정을 느끼는 것은 당연합니다. 만약 첫째를 직접 키우고 둘째를 할머니에게 맡겼다면 첫째가 더 사랑스러웠을 것입니다. 이렇듯 아이를 향한 사랑에는 함께한 시간의 양도 영향을 미칩니다.

저는 이 엄마에게 첫째와 처음 만났다고 생각하고 사랑하는 연습을 해야 한다고 이야기해 주었습니다. 둘째가 더 사랑스럽다면 그 마음을 솔직히 인정하고 첫째를 향한 사랑을 키우기 위해 노력해야 한다고 말입니다. 흔히 모성은 본능이라고 하지만 그렇지 않습니다. 모성은 아이를 키우면서 길러지는 것이며, 모성에도 연습이 필요합니다. 아이와 함께하며 갈등을 극복해 나가는 노력과 경험 없이 진정한 모성은 생기지 않습니다.

✽ 출생 순서에 따른 아이 성격 & 양육법

① 첫째

완벽주의적 성격이 강합니다. 부모의 기대치가 동생보다 자신에게 더 높다고 생각해 스스로 부담을 갖는 경우가 많습니다. 동생이 태어나기 전까지는 부모의 사랑을 독차지하며 자신감을 키우지만 동생이 태어나면 질투, 불안감 등으로 퇴행 행동을 보일 수 있습니다. 이때는 둘째보다는 첫째에게 더 많은 관심을 가져 '엄마 아빠가 나를 사랑한다'라는 믿음을 줘야 합니다.

② 막내

사랑스럽고 자유분방하며 사교적인 성격입니다. 가끔은 반항적이고 버릇이 없고 산만한 모습을 보이기도 합니다. 다른 형제들에게 주어지는 관심에 질투를 느끼기도 하고, 가정에서 대화를 주도할 위치가 아니기 때문에 소외감을 느끼기도 합니다. 부모는 막내를 귀엽게만 여기면서 어린아이 취급을 하지 말고, 독립적 존재로 인정해 주어야 합니다.

③ 중간

첫째의 완벽주의나, 막내의 자유분방한 성격 중 하나를 닮기도 하고 양쪽의 성격을 함께 가지기도 합니다. 다툼을 중재하는 일을 잘하는 것도 특징입니다. 중간에 있다 보니 관심을 제대로 받지 못해 때때로 반항적인 모습을 보이기도 하는데, 이때는 아이가 가족에게 얼마나 특별한 존재인지 느끼게 해 주어야 합니다.

화를
참아야 하는데
그게 잘 안 돼요

아이를 키우다 보면 분통 터지는 일이 한두 가지가 아닙니다. 아침부터 저녁까지 매일 전쟁을 치르다 보니, 처음에는 좋은 말로 달래다가도 어느 순간 울컥하게 되지요. 부모도 사람이니 당연합니다.

하지만 그래도 아이 앞에서 화를 내어서는 안 됩니다. 저는 부모들에게 종종 이런 이야기를 합니다.

"화가 나면 무조건 자리를 피하세요."

아이에게 화를 내느니 일단 자리를 피하는 것이 더 낫다는 이야기입니다. 부모의 화난 모습처럼 아이에게 나쁜 영향을 미치는 것이 없습니다.

✴ 부모가 화를 참아야만 하는 이유

오늘도 또 한바탕하고 말았습니다. 왜 이렇게 화를 참지 못하는지. 뒤돌아 생각해 보면 정말 별것도 아닌 일 가지고 매번 아이에게 화를 내게 되네요.

국어 학습지를 같이 풀어 보려 했더니 하기 싫다고 몸을 비비 꼬는 것입니다. 처음에는 살살 달랬는데, 아예 듣지를 않더라고요. 그래서 '이거 안 하면 장난감 안 사 준다, 과자 안 사 준다'라고 했는데도 소용이 없었어요. 큰소리를 내니 그나마 조금 하는 시늉을 보이더군요.

그런데 억지로 하는 모습이 그렇게 미울 수가 없더라고요.

"그렇게 하려면 집어치워"라고 하면서 학습지를 집어던지고, 고래고래 소리를 치며 화를 내고…….

엄마한테 혼나고 울다 지쳐 잠든 아이를 보니 눈물이 나네요.

매번 '화내지 말자' 다짐을 해도 뜻대로 움직여 주지 않는 아이를 보면 저도 모르게 울컥 화가 솟구치곤 합니다.

엄마들이 자주 들르는 웹 사이트 게시판에서 종종 이런 글을 발견하게 됩니다. 이성을 잃고 화를 낼 때는 내가 전부 옳은 것 같았는데, 차분히 마음을 가라앉히고 나니 후회가 밀려와 이렇게라도 속상한 마음을 달래는 것이지요.

혼이 난 뒤에 천사 같은 모습으로 곤히 잠든 아이를 보면 눈물을 흘리지 않을 수 없습니다. 하지만 아이는 자기가 잠든 사이에 눈물을 흘리는 부모의 모습을 모릅니다. 오직 무섭게 화를 내는 엄마의 모습만 머릿속에 남을 뿐이지요.

어느 날 한 엄마로부터 전화가 왔습니다. 방송에서 제 인터뷰를 봤다는 것이었어요. 인터뷰의 내용은 이랬습니다.

"인간에게는 누구나 폭력성이 잠재되어 있습니다. 그것이 성장 환경에 따라 발현되기도 하고 잘 통제되기도 합니다. 아이가 자기 안의 폭력적인 성향을 잘 조절하기 위해서는 어릴 때부터 부모가 도와주어야 합니다. 그러기 위해서 부모 자신부터 감정을 잘 추스를 줄 알아야 합니다. 화를 못 참는 부모 밑에서 자란 아이에게 감정 조절을 잘 하기를 기대할 수는 없습니다. 아이가 그 어떤 잘못을 하더라도 되도록 화내지 말고 잘 받아 줘야 하는 것도 이런 이유에서입니다."

제게 전화를 건 엄마는 대뜸 이렇게 묻더군요.

"부모도 사람인데 어떻게 참기만 하라고 말씀하세요? 선생님도 아시잖아요. 아이 키우면서 어떻게 웃을 일만 있겠어요? 왜 엄마만 참아야 하죠?"

마음이 참 아프더군요. 저도 아이를 둘 키운 엄마인데 왜 그 심정을 모르겠습니까. 편히 쉬어야 할 주말에 아이들에게 시달리고, 아이의 고약한 심술을 일일이 받아 줘야 하고, 그것도 모자라 항상 웃는 낯으로 아이를 대해야 한다는 게 저 역시 몹시 억울하고 힘들었습니다. '내가 무슨 죄가 있다고', '내가 성인군자도 아닌데' 하는 생각이 늘 머릿속에 맴돌았지요.

그럼에도 불구하고 저는 부모들에게 적어도 아이를 앞에 두고서는 한 번 더 참으라고 이야기합니다. 어찌 되었건 간에 아직 불안정한 시기의 아이들보다는 부모가 정신적으로 안정된 존재이기 때문입니다. 스트레스를 견딜 수 있는 힘이 부모 쪽이 더 강하다는 뜻이지요.

아이들은 아직 힘든 상황을 견디고 참아 낼 수 있는 능력을 갖추지 못했습니다. 그런 아이들에게 인내하는 법부터 가르치려 들면 아이는 감정을 제대로 표출하는 법을 몰라 정서적으로 바른 성장을 할 수 없습니다. 화를 참는 것이 부모에게는 스트레스 정도로 남겠지만, 아이는 욕구를 참느라 불안감이 생기기도 하고, 부모의 화내는 모습을 보게 되면 공포심을 느끼기도 합니다. 그러니 부모가 더 참는 것이 타당하지 않을까요?

우울증 진단을 받은 아이들을 살펴보면, 아이의 엄마가 평소에 화를 잘 낸다는 사실을 자주 발견하곤 합니다. 화를 잘 내는 부모 밑에서 자란 아이들은 늘 남의 눈치를 살피고 소극적이며 위축되어 있습니다. 또한 공격적이고 사소한 일에도 화를 잘 내는 아이들도 많습니다. 이런 경우에는 아이와 함께 엄마도 상담과 치료를 받아야 합니다. 아이에게 화를 내는 근본 원인을 되짚어 감정을 추스르도록 유도하는 것이지요. 이렇게 엄마를 치료하면 얼마 지나지 않아 아이가 몰라볼 정도로 호전됩니다.

감정을 조절하는 것은 어느 한순간에 이뤄지지 않습니다. 평소 습관이 되어 있지 않으면 감정이 폭발하는 순간 절제력을 발휘하기가 쉽지 않지요. 따라서 부모는 아이와 마주하는 순간뿐만이 아니라, 생활하는 모든 순간에서 감정을 조절하고 추스르는 훈련을 해야 합니다.

✽ 엄마 기분이 나쁠 때는 절대 아이를 야단치지 마세요

화를 잘 내는 부모라 해도 처음부터 마구 화를 내는 것은 아닙니다. 처음엔 말로 달래기도 하고 안아 주기도 하지만, 그럼에도 말을 듣지 않으니 결국 큰소리를 내고 손을 대기도 하는 것입니다. 이럴 때 감정을 조절할 수 있는 능력은 부모의 지적인 면과는 크게 상관이 없습니다. 저는 오히려 지성인이라 불리는 사람들이 아이에게 함부로 하는 경우를 많이 봅니다.

감정 조절 능력을 선천적으로 가지고 있는 사람도 있긴 하지만, 보통의 경우에는 무수한 훈련과 노력으로 개발해 나가야 합니다. 저도 가끔은 병원에 나가기 싫을 정도로 우울하거나 짜증이 납니다. 그렇게 제 감정 상태가 불안정해지면 아이를 대할 때도 감정이 얼굴에 드러날 수밖에 없습니다. 그래서 저는 기분이 나쁠 때는 아이가 학습지 공부를 안 했거나 밥을 제대로 먹지 않는 등 맘에 안 드는 행동을 해도 일단 내버려 두었습니다. 그런 다음 제 감정 점 수가 10점 만점에 최소 7~8점이 될 때까지 기다렸다가 그때 아이 에게 하고 싶은 말을 했지요. 제게는 아이를 대할 때 늘 염두에 두 는 세 가지 원칙이 있습니다.

첫째, 항상 나 자신을 되돌아보자.

둘째, 내 기분 상태를 늘 확인하자.

셋째, 내 기분이 좋지 않다면 그때는 아이를 절대 야단치지 않는다.

트로니크 박사의 감정 조절 실험 (Tip)

미국의 아동심리학 박사 트로니크는 3~6개월의 아이를 관찰하면서 아주 어린 시 기의 감정 조절에 대한 연구를 했습니다. 먼저 엄마로 하여금 아이에게 웃는 얼굴 을 보여 주게 했습니다. 그리고 얼마 후 갑자기 심각하게 굳은 얼굴로 다른 곳을 응 시하게 했습니다. 아이가 아무리 쳐다봐도 눈을 마주치지 않고, 화난 표정만 보여 주게 한 것입니다.

말도 못 하는 아이는 화난 표정을 하고 있는 엄마를 보고 눈을 동그랗게 뜨고 놀란 얼굴이 되었습니다. 그러더니 곧이어 무표정해지며 더 이상 엄마와 눈을 맞추려 하 지 않았습니다. 3분 뒤 엄마가 다시 방긋 웃었지만, 아이의 굳은 표정은 20분이 지 나서야 풀리기 시작했습니다.

엄마의 화난 표정을 보았을 때의 충격을 쉽게 극복할 수 없었던 것입니다. 이 실험 을 통해 엄마가 아이로 하여금 좋은 기분을 유지하도록 도와주지 않으면 아이는 부정적인 감정에서 헤어 나오지 못하고, 부모의 화난 모습을 돌이킬 수 없을 만큼 깊게 배워 버린다는 것이 밝혀졌습니다.

✱ 두 아이를 키우며 썼던 감정 조절법

감정을 조절하기 위한 방법으로 제가 선택했던 것은 음악 감상입니다. 다혈질인 편이지만 그래도 차분한 음악을 듣고 있으면 마음이 조금씩 진정됨을 느낄 수 있었습니다.

그렇게 해도 진정되지 않을 때에는 아예 아이와 대면하는 것을 피했습니다. 늦게까지 병원에 남아 공부를 하거나 책을 읽는 식으로요. 엄마를 기다리고 있을 아이에겐 미안한 일이었지만 그래도 아이에게 인상 쓰며 화를 내는 것보다는 나을 테니까요.

감정 조절이 잘 안 되는 부모는 아이를 자꾸 위축시키며 아이가 긍정적 자아상을 확립하는 것을 가로막기 쉽습니다. 아이의 발전에 걸림돌이 되지 않으려면 부모가 먼저 감정을 조절하는 법을 배워야 합니다.

✱ 화를 낸 후 사과를 했을 때의 효과

부모가 자신의 감정을 잘 조절하지 못해 화를 냈더라도 뒷마무리를 잘하면 아이에게 큰 상처를 주지 않게 됩니다. 그 뒷마무리란 부모의 잘못을 솔직하게 인정하는 것입니다. 아이의 잘못 때문이라고 해도, 길길이 날뛰며 화를 낸 것은 분명 부모가 잘못한 일입니다. 부모가 자신의 이런 실수에 대해 아이에게 사과하는 것은 그 교육적 효과가 매우 큽니다. 정리해 보면 다음과 같습니다.

① 아이와 평등한 관계에서 대화할 수 있다

저 역시 아이들에게 사소한 일로 큰소리를 내고는 조금 지나서 야 '내가 너무 심했다'라고 생각할 때가 있습니다. 그럴 때면 아이들에게 "미안해. 많이 놀랐지? 엄마가 가끔 못 참을 때가 있는데 고치도록 노력해 볼게"라고 말하며 사과했습니다.

그러면 아이들의 표정도 풀리기 시작했습니다. "이제야 알았어요?"라고 하거나 "우리 엄마는 그래야 좀 재미있지", "엄마가 요즘 스트레스를 받나 봐"라며 저희들끼리 농담을 주고받기도 했습니다. 이렇게 자기 나름대로의 해석을 덧붙이는 것은 부모와 아이가 평등한 관계에서 주고받는 대화를 통해 아이들이 스스로 존중받고 있다는 생각을 하게 되기 때문입니다.

② 잘못을 했을 때 사과하면 용서받는다는 것을 배우게 된다

부모가 사과하고 그 사과를 받아들이는 과정을 통해 아이들은 사과를 하면 용서받을 수 있다는 사실을 알게 됩니다. 이는 살아가면서 크고 작은 잘못을 하게 될 때 잘못을 저지른 자신을 용납하지 못하고 심하게 자책하는 것을 막아 주는 일종의 예방주사와도 같습니다.

③ 부모에게 받은 감정적 상처를 치유할 수 있다

부모의 신속한 사과는 아이 마음에 생긴 상처를 빨리 아물게 합니다. 사과는 잘못을 깨달은 그 순간 바로 해야 합니다. 제때 사과하지 않으면 상처는 더욱 깊어지고 덧나게 되어 돌이킬 수 없는 기억으로 남게 됩니다.

지금 아이와 대화를 나누기가 힘들다고 느껴진다면 우선은 아이에게 '미안하다'는 말만이라도 해 보세요. 그 순간 높기만 했던 감정의 벽이 허물어질지도 모릅니다. 그리고 둘의 관계는 서로 존중하고 배려하는 따뜻한 관계로 거듭날 수 있을 것입니다.

5~6세
부모들이
절대 놓치면
안 되는

아이의 위험 신호

5

5~6세

생각이 너무 단순해요

부모는 아이가 5세가 되면서부터, 늦어도 6세 즈음에는 한글, 영어, 숫자 학습을 비롯해 초등학교 입학 준비를 시키기 시작합니다. 그때가 되면 아이들이 똑똑해져서 기억을 잘 하고, 집중력도 30분 정도는 유지하며, 논리적인 사고도 가능해지기 때문입니다. 하지만 직접 인지 검사를 해 보지 않고는 아이의 기억력과 집중력, 사고력, 실행 기능 등의 인지 발달이 정상인지 아닌지를 구별하기가 쉽지 않습니다. 그럼에도 아이에게 새로운 학습 자극을 줬을 때 그다지 거부하지 않고 스스로 반복하면서 규칙을 익히고, 필요한 지식을 암기해서 배운 내용을 일상생활에서 응용할 수 있다면 정상적인 인지 발달을 하고 있다고 볼 수 있습니다.

하지만 아이가 단순한 기호와 사실 암기만 잘하고, 배운 지식들을 엮어서 이야기를 만들거나, 그것을 문제 해결에 사용하지 못한다면 사고력과 실행 능력이 떨어지는 것은 아닌지 의심해 볼 필요가 있습니다. 아이가 무언가를 배울 때 조금만 규칙을 바꾸거나 기

존의 틀을 벗어나도 어려워하고, 당황하거나 거부하는 태도부터 취하면 더욱 그렇습니다. 생각이 너무 단순한 아이가 위험한 이유는 그 상태로 고착되어 성장할 경우 복잡한 사고가 요구되는 고학년 이후의 학습을 포기하게 되고, 친구들을 비롯한 대인 관계 또한 잘 맺지 못해 심각한 문제를 야기할 수 있기 때문입니다.

그러므로 내 아이가 생각이 너무 단순하다는 판단이 들면 아이의 상태를 세심히 살펴봐야 합니다. 실제로 지능검사에서는 암기력 이외에 체계적 사고력과 응용 능력, 문제 해결 능력, 이해력 등을 다양하게 측정하기 때문에 부모의 기대와 다른 결과가 나올 때가 많습니다.

●아이의 생각이 너무 단순하고 암기만 잘한다면

내 아이가 전반적으로 인지 발달이 느린 것은 아닌지 먼저 점검해 볼 필요가 있습니다. 어려서부터 텔레비전과 스마트폰에 너무 많이 노출된 경우에도 두뇌가 골고루 발달하지 않을 수 있습니다. 글자나 기호 암기는 잘하지만 수동적으로 한정된 자극에만 반복적으로 노출됨으로써 추상적 사고력이 제대로 발달하지 않을 수 있다는 뜻입니다.

●아이의 인지적 유연성이 떨어진다면

불안정 애착 등 다양한 이유로 불안 증상이 심한 아이들은 다양한 자극에 관심을 보이는 대신 규칙성이 있는 글자, 숫자 등에만 과도한 관심을 가질 수 있습니다. 특히 이런 아이들은 스스로 자신의 내면을 알

아차리고 말로 표현하는 능력이 떨어져 언어 이해력 및 표현력 등에서 부족한 모습을 보입니다. 이런 경우에는 불안 치료와 함께 인지적 유연성을 기르는 인지 치료를 병행하는 것이 좋습니다.

이처럼 원인에 따른 처방이 다르긴 하지만 모든 부모가 알아두어야 할 사실이 있습니다. 아이의 사고력이 부족하다고 해서 자꾸 다른 질문을 하거나 억지로 가르치려고 하면 아이가 거부하거나 회피해서 오히려 역효과가 날 수 있습니다. 그럴 때는 아이가 관심을 보이는 것에 부모도 함께 동참해서 그 관심을 넓혀 주는 쪽으로 학습을 시도하는 게 좋습니다.

2 독특한 반복 행동이 너무 오래 가요

아이가 자신의 손가락을 빨거나 엄마의 머리카락을 손가락에 감는 경우가 있습니다. 어떤 아이는 까치발을 하고 다니기도 합니다. 그처럼 아이가 어른들이 보기에 기이한 버릇을 수개월 내지 1년 이상 보일 때가 있습니다. 대부분의 경우에는 두뇌가 성장하면서 신체 감각의 통합이 수월해지고, 생각으로 불안을 누르는 능력이 생기면서 이상한 버릇이 자연스레 없어집니다. 하지만 너무 오래 반복적으로 하는 행동이 있다면 주의 깊게 살펴볼 필요가 있습니다.

이를테면 성기 주변을 계속 자극하거나(자위행위), 눈 깜빡거림으로 시작해 온몸의 근육이 반복적으로 불규칙하게 움직인다면(틱), 혹은 아이가 물건을 반드시 자기가 원하는 위치에만 놓아야 하고, 몸에 뭐가 묻으면 못 견디고 하루에도 몇 번씩 옷을 갈아입는 반복 행동(강박증)이 있는 경우에는 그대로 두어서는 큰일납니다. 증상에 따라 처방법도 달라지는데 그 구체적인 내용은 다음과 같습니다.

●자위행위

자위행위는 3~4세 유아들에게 흔히 나타나는 증상입니다. 아직 미숙한 아이는 성기 부분을 만질 때 느껴지는 쾌감이 강력하기 때문에 부모가 만류해도 자위행위를 통한 짜릿한 감각을 즐기게 됩니다. 하지만 부모와 교사가 제재를 하고 아이 스스로도 사회적으로 바람직한 가치와 규칙들을 내면화하게 되면, 다른 것들에 관심을 가지면서 자연스럽게 자위행위를 멈추게 됩니다.

하지만 학교 갈 나이가 다 되어도 몰래 자위행위를 계속하고, 심한 경우 친구들에게도 심한 성적인 놀이를 시도하는 아이들이 간혹 있습니다. 어린 시절 가정 폭력이나 엄마의 심한 우울증을 겪은 아이들의 경우 부정적 기분에 휩싸일 때가 많은데, 그때마다 자위행위를 하며 기분을 전환하는 버릇이 어느 순간 고착화되는 모습을 보입니다. 그럴 때는 무엇보다 아이가 심한 스트레스로 인해 부정적 기분에 사로

잡히지 않게 하는 치료가 선행되어야 하며, 그와 함께 아이의 스트레스를 유발하는 원인 자체를 없애도록 노력해야 합니다.

한편 지나친 학습 강요 등으로 재미를 잃어버린 아이들이 자신의 성기를 자극함으로써 얻는 쾌감을 즐기는 경우도 있습니다. 부모가 불안이나 무지로 인해 놀잇감을 없애고 책이나 학습 도구만 아이에게 일방적으로 강요했을 때 그런 현상이 나타나는데요. 그럴 때는 책을 잠시 미뤄 두고 아이가 좋아하는 놀잇감을 가지고 즐겁게 노는 시간을 늘리는 게 필요합니다. 아이의 잃어버린 재미들을 찾아 주는 게 먼저라는 이야기입니다.

●틱 증상

일시적으로 긴장이 증가하면 얼굴을 찡그리거나 눈을 깜빡이는 등의 틱 증상을 보일 수 있습니다. 하지만 긴장을 유발하는 환경이 사라지면 다시 정상으로 돌아오는데요. 근육을 움칠거리는 버릇이 있다가 한동안 괜찮다가 다시 시작되는 기간이 1년 이상 계속되면 틱 장애일 확률이 높습니다.

틱 장애는 뇌의 체질로 인해 발생합니다. 스트레스, 불안으로 증상이 악화될 수는 있지만 그렇다고 틱 체질이 없는 아이가 스트레스로 인해 틱 장애에 이르지는 않습니다.

틱 증상이 심한 경우라면 전문가를 찾아가 증상을 억제하는 약물을 처방받는 것이 좋습니다. 하지만 아직 틱 체질을 교정하는 과학적 방법은 개발되지 않은 상태이므로 팬히 과학적으로 규명되지 않는 치

료에 매달려 아이를 고생시켜서는 안 됩니다.

● 강박 증상

체질이든 아니면 환경적 스트레스가 높아서든, 스스로 감당하기 어려운 불안에 휩싸이게 될 경우 아이들은 고집스럽게 특정 행동을 반복하는 경향이 강해집니다. 유치원에서 꼭 제자리에 앉기를 고집해서 사사건건 친구들과 부딪히는 아이, 뭐가 조금만 몸에 묻으면 못 견뎌 바로 씻거나 옷을 갈아입어야 하는 아이가 그에 속하는데요. 아이가 보이는 강박적 행동이 지나쳐서 일상생활을 영위하기가 쉽지 않다면 가급적 전문가를 방문하여 그 원인이 무엇인지 알아보는 것이 필요합니다. 불안 정도가 높은 상태로 계속 성장하게 되면 아이는 자신의 능력을 제대로 발휘하지 못해 학업과 친구 관계에서 문제를 일으키고, 조금만 어려운 상황이 생겨도 못 견디고 무너질 수 있기 때문입니다.

3 너무 산만하고, 집중을 잘 못해요

아이들은 어른에 비해 몸을 가만히 두고 오래 집중하지 못합니다. 그도 그럴 것이 따분한 자극을 견디며 집중하는 능력, 차분히 앉아 정적인 활동을 할 수 있는 능력, 욱하지 않고 충동을 조절하는 능력 등은 전두엽의 성장을 필요로 합니다. 그런데 아이 개인마다 전두엽의 성장 속도가 다릅니다. 그러다 보니 집중력과 자기 조절력이 늦게 발달하는 아이들도 꽤 있습니다.

산만해 보이는 아이들의 가장 흔한 원인은 전두엽의 성장 속도는 느린 반면 신체적 에너지는 많은 체질을 타고나는 것인데요. 대부분의 남자아이들이 이 경우에 해당됩니다. 하지만 막상 부모가 되면 자신의 아이만 유독 산만하고 까부는 게 아닌가 걱정을 하게 되지요. 그러다 아이가 정신없이 뛰어다니고 좀처럼 앉아 있지 못하면 자신도 모르게 화를 내고 야단을 칩니다. 하지만 그럴 때는 야단을 치기보다 아이의 눈높이에 맞추어 원하는 대로 에너지를 발산할 수 있도록 실외 활동을 늘려 주어야 합니다. 또 학습을 시킬 때는 짧은 시간 단위로 끊어서 시켜야 합니다. 또 산만한 아이는 말을 대충 흘려듣는 경우가 많으므로 아이에게 전하고 싶은 말이 있을 때는 시선을 맞추고 천천히 반복해서 알려줘야 합니다. 아이가 잘 못 참고 소리를 지르는 행동을 하면 '잠시 멈추기'를 하고 2~3분간 가만히 숨쉬기를 한 후 주의를 전환하고 다른 놀이에 집중하게 하는 것이 좋습니다. 아이가 화를 내면 먼저 마음속으로 다섯까지 세게 해서 스스로 기분 조절력을 키우게 하는 것도 괜찮습니다. 그렇게 해서 아이가 나는 좋은 아이니까 공부할 때는 집중하고, 기분 나쁠 때도 한번 참아 보고, 생활 속 규칙들을 잘 지키는 사람이 되어야겠다는 내적인 동기를 유지할 수 있도록 부모가 당근과 채찍을 잘 구사할 필요가 있습니다.

　　요즘 부모들은 자신의 아이가 산만할 경우 ADHD가 아닌지부터 걱정하는데요. ADHD는 두뇌 발달의 어려움으로 유난히 집중을

못 하고, 잠시도 가만히 있지 못하고, 충동 억제가 어려워 조금만 화가 나도 공격적 행동을 하는 것을 말합니다. 만약 아이의 산만함이 너무 지나치다 싶으면 다음과 같은 항목들이 내 아이에게도 해당되는지 체크해 볼 필요가 있습니다. 체크된 항목이 세 개 이하이면 괜찮지만 절반 이상 해당되면 전문가를 찾아가 상담을 받는 게 좋습니다. 정확한 진단과 평가 결과에 따라 부모 교육, 약물 치료, 심리 치료, 운동 치료, 사회성 기술 훈련, 학습 치료 등의 치료 요법을 받으면 ADHD는 대부분 완치되므로 너무 늦지 않게 치료를 받게 하는 것이 가장 중요합니다.

1. 세부적인 면에 대해 꼼꼼하게 주의를 기울이지 못하거나, 학업에서 부주의한 실수를 한다.
2. 손발을 가만히 두지 못하거나 의자에 앉아서도 몸을 꼼지락거린다.
3. 일을 하거나 놀이를 할 때 지속적으로 주의를 집중하는 데 어려움이 있다.
4. 교실이나 자리에 앉아 있어야 하는 상황에서 앉아 있지 못한다.
5. 다른 사람과 마주보고 이야기할 때 경청하지 않는 것처럼 보인다.
6. 그렇게 하면 안 되는 상황에서 지나치게 뛰어다니거나 기어오른다.
7. 지시를 따르지 않고, 일을 끝내지 못한다.
8. 여가 활동이나 재미있는 일에 조용히 참여하기가 어렵다.
9. 과제와 일을 체계적으로 하지 못한다.

10. 끊임없이 무엇인가를 하거나 마치 모터가 돌아가듯 움직인다.

11. 공부 등 지속적인 노력이 요구되는 과제를 하지 않으려 한다.

12. 지나치게 말을 많이 한다.

13. 과제나 일을 하는 데 필요한 물건들을 잃어버린다.

14. 질문이 채 끝나기도 전에 성급하게 대답한다.

15. 쉽게 산만해진다.

16. 차례를 기다리는 데 어려움이 있다.

17. 일상적으로 하는 일을 잊어버린다.

18. 다른 사람을 방해하거나 간섭한다.

4 타인 앞에서 자기 의견을 발표하지 못하고 심지어 말도 잘 안 해요

대부분의 부모들은 아이의 기질이 순하고 자기 표현이 많지 않으면 착하고 말을 잘 듣는다고 칭찬합니다. 반면 활발하고 자기주장이 강한 아이는 모나지 않을까 걱정하지요. 하지만 아직 전두엽의 발달이 미성숙한 유아기에는 어른들이 정해 놓은 틀에서 자꾸 벗어나려고 하고, 떼를 쓰는 게 오히려 건강함의 증거일 수 있습니다. 전문가의 입장에서 보자면 매사 주변의 요구에 순응하고, 불편해도 참으며, 자신의 목소리를 제대로 내지 못하는 아이들의 경우 사회성이 부족하고 자신의 감정에 대한 인식조차 제대로 못 하는 사례가 너무 많습니다. 하지만 부모는 자신의 아이가 순하다고만

생각하다가 아이가 친구들에게 따돌림을 당하거나 유치원 등원을 거부할 정도가 되어서야 문제를 인식하게 되지요. 타인 앞에서 자기 의견을 잘 발표하지 못하고, 말도 잘 못하는 아이들은 크게 다음의 세 가지 경우로 나눠 볼 수 있습니다. 내 아이가 혹시 그에 해당되지 않는지 살펴볼 필요가 있습니다.

●억압 성향의 기질을 타고난 경우

매사에 예민하고 긴장을 많이 하며 새로운 자극에 스트레스를 심하게 받는 기질을 타고난 아이들이 있습니다. 이런 아이는 잠들기도 어려워하고, 겨우 재워도 자주 깨고, 낯가림이 너무 심해 엄마 외에는 아무에게도 가지 않는 모습을 보입니다. 그런데 까다롭고 예민한 것을 넘어서 억압 성향의 기질을 타고난 경우에는 주변의 자극을 극도로 회피해 버림으로써 매사에 반응이 적고 표현도 잘 하지 않게 됩니다. 그럴 때 부모는 자신의 아이가 그저 순하다고만 생각하는 오류를 범하게 되지요. 하지만 억압 성향의 기질을 타고난 아이들도 부모가 아이의 기질을 알고 충분히 기다려 주면 점점 지능이 발달하면서 두려움과 회피 행동이 줄게 됩니다. 그래서 초등학교 입학 직전의 연령이 되면 자기를 보호하는 사회적 기술을 습득해서 두려움을 주는 새로운 환경에도 자신만의 방식으로 적응하는 모습을 보입니다.

●강압적인 양육 환경에서 크는 경우

아이가 자신이 정한 틀에서 벗어나는 것을 못 견디는 부모들은 아이

에게 시도때도 없이 예의범절과 청결, 학습 등을 강요합니다. 그들은 아이가 자기 식으로 서투르게 행동할 때 그것을 참지 못하고 강하게 야단을 치거나 심하면 때리기까지 합니다. 그처럼 아이에게 실수를 용납하지 않고 정해진 규칙을 따르라고만 강요하면 아이는 매사에 부모의 눈치를 보느라 항상 긴장하고 불안해할 수밖에 없습니다. 부모의 강요가 자기 감정조차 제대로 인식하지 못하고 아무것도 표현할 줄 모르는 아이를 만드는 것입니다.

● 이미 정신병리가 발생한 경우

'선택적 함구증(Selective Mutism)'이란 질환을 겪는 아이들이 있는데, 이들은 집안에서는 쾌활하게 말을 잘하는데 집 밖에서 낯선 사람들과는 통 말을 하지 않습니다. 유치원에서 친구들과도 말을 잘 안 하고 행동으로만 표현하며, 타인 앞에서 발표를 절대 하지 않으려고 합니다. 심하면 걸려 오는 전화도 피하는 경우가 종종 있습니다. 선택적 함구증을 앓는 아이들은 처음에는 불안해서 말을 못 하다가 점점 말을 안 하는 편리함에 익숙해져 습관이 되어 버리는데, 그러면 치료를 해도 호전이 되기 어려울 수 있습니다. 선택적 함구증과 비슷한 경우로 사회불안 장애를 들 수 있는데, 이 장애를 앓는 아이들은 새로운 장소에 가고, 남 앞에 나서는 것을 극도로 꺼려 발표를 하지 못합니다. 이들은 선택적 함구증을 가진 아이처럼 아예 집 밖에서 말을 안 하는 것은 아니지만 익숙한 환경이 아니면 항상 긴장하고 불안해하는 증상을 보입니다.

이처럼 정신병리 수준까지 아이에게 불안 증상이 있다면 반드시 소아 정신과 병원을 방문하여 심리 검사와 진단 과정을 통해 원인을 파악하고 맞춤 치료를 받아야 합니다. 하지만 대부분의 아이들은 부모가 양육 태도를 허용적으로 바꾸고, 아이가 자기표현을 제대로 할 때까지 기다려 주고, 뭐든지 다른 아이보다 천천히 적응하도록 배려하면 호전되는 모습을 보입니다. 서서히 자기주장을 하게 되고 표현력도 늘어나게 되지요. 그 과정에서 무엇보다 중요한 것은 부모의 기다림입니다. 아이가 빨리 좋아지지 않더라도 기대치를 낮추고 아이가 따라올 때까지 충분히 기다려 줄 수 있어야 합니다. 그러면 아이는 어느 순간 어려운 상황에서도 두려워하지 않고 나름대로의 방식으로 대처하는 능력을 키우게 됩니다.

5 어려운 상황을 미리 포기하거나 회피해 버려요

어떤 것이든 조금이라도 어려울 것으로 예상되면 "나 못해", "안 해", "싫어요"를 입에 달고 사는 아이들이 있습니다. 심지어 지능검사를 하는 중에 충분히 할 수 있음에도 불구하고 미리 포기하거나 다른 곳을 쳐다보는 등의 회피 행동으로 100에도 훨씬 못 미치는 낮은 점수를 받는 경우도 있습니다. 그러면 부모는 결과를 보고 충격을 받게 됩니다. 보통 아이들보다 더 똑똑하고 잘하는 아이가 어떻게 이렇게 낮은 지능 점수를 받을 수 있느냐며 도저히 결과를 그대로 받아들이지 못하겠다는 반응을 보이는 것이지요.

그도 그럴 것이 그런 아이들은 스트레스가 없는 상황에서는 아무런 문제없이 잘 지내다가, 어려운 일이 생겨 새로운 전략이나 적극적 도전이 필요한 상황이 되면 뒤로 물러섭니다. 그래서 집에서는 잘 모를 수가 있습니다. 대부분 어린이집 혹은 유치원에서 친구와 부딪히거나 어려운 과제를 수행해야 할 때 비로소 문제가 드러나기 때문입니다.

'내가 어떠한 사람'이라는 자기 정체성의 가장 핵심적인 부분은 유아기에 형성됩니다. 이때 바로 '나는 어떤 경우에라도 왠지 좋은 사람' 혹은 '나는 왠지 항상 부족하고 뭔가 나쁜 일이 많이 생기는 사람'이라는 개념이 생기는 것이지요. 그런데 유아기에 부정적 자아상을 지니게 된 아이는 성장하면서 학업과 대인관계에서 어려움을 보일 뿐 아니라 사춘기가 되면 우울증에 빠지거나 자해를 하는 등 정신적인 문제를 겪게 될 확률이 높습니다. 그러므로 처음부터 아이가 부정적 자아상을 갖지 않도록 하는 것이 중요한데요. 부모들이 특히나 주의해야 할 부분들은 다음과 같습니다.

●자신의 능력보다 더 잘하도록 강요받고 자란 경우

발달이 또래보다 느린 아이들이 있습니다. 그런데 그 아이들이 보통의 아이들과 비슷한 수준의 교육을 받고, 부모 역시 또래 아이들과 자꾸만 비교를 할 때, 아이는 세상이 너무 버겁다고 느낍니다. 그 결과 아이는 자신이 뭘 해도 부족한 사람이라는 생각에 빠져 어느 순간 스

스로 할 수 있는 일조차 못 한다고 포기해 버리게 됩니다. 반대로 아이가 정상 발달을 하고 있는데도 부모가 욕심을 부려 지나친 선행 수업, 영어 학습, 예능 교육을 강요하는 경우에도 아이는 패배감과 좌절감을 느끼며 자신감을 잃어버리게 됩니다.

●비교로 인해 아이의 자신감에 심한 손상을 주었을 때

어릴 때부터 매사 형제나 다른 아이들과 비교하며 양육하는 경우, 아이는 항상 부모 눈치를 보며 자신이 뭔가 부족한 아이가 아닐까 하고 걱정하게 됩니다. 그럴 때 부모 역시 무의식적인 열등감이 있어서 자기도 모르게 아이를 있는 그대로 보지 못하고 항상 더 잘하는 다른 아이들과 비교하여 판단하고 걱정하기 때문에, 자신들의 실수를 잘 깨닫지 못합니다. 그러다 아이가 자신감이 너무 떨어져서 자포자기함으로써 뭐든 거부하는 상황에 이르러서야 놀라게 되지요. 어떤 아이들은 몸이 아프다며 무기력하게 자꾸 누워 있기 때문에 신체가 허약하거나 병이 생긴 것으로 오해하는 상황이 발생하기도 합니다. 물론 그럴 경우 엉뚱한 치료를 하게 되기 때문에 상황은 더 악화되기 마련입니다. 그러므로 그 어떤 순간에라도 부모의 비교는 아이를 멍들게 한다는 사실을 기억해야만 합니다. 부모의 비교로 인해 다친 아이의 자존감을 회복하기란 너무 어렵기 때문입니다.

●가정 폭력, 학대에 시달린 경우

부모가 아이들 앞에서 소리를 지르며 싸우는 모습을 보이면 아이는 그 자체만으로도 힘들어합니다. 그런데 그 과정에서 물리적인 폭력

까지 당하게 되면 아이는 자신이 이런 취급을 받을 만큼 값어치가 없는 사람이라고 생각해서 부정적인 자아상을 형성하게 됩니다. 그처럼 가정 폭력과 학대에 시달리며 자란 아이들은 자신이 아무런 쓸모가 없는 사람이라고 생각해 무언가 시도하는 것조차 두려워하게 됩니다.

그 어떤 상황에서도 부모는 아이의 자아상이 건강하게 자리잡을 수 있도록 노력해야 하는 존재입니다. 어린 아이에게 부모는 그야말로 세상 전부이기 때문입니다. 그러므로 일반적인 잣대로 내 아이를 바라봐서는 안 됩니다. 아이가 가진 고유의 능력을 있는 그대로 바라보고, 아이가 그것을 잘 꺼내어 쓸 수 있게끔 도와주어야 합니다. 그러기 위해서는 아이의 긍정적 자아상 형성에 방해가 되는 환경적 요인은 빨리 제거하고, 아이가 자신의 능력을 건강하게 키워 나가도록 기다리는 자세가 필요합니다. 부모가 양육 기술을 제대로 배우고 익혀야 하는 이유이기도 합니다.

신의진의
아이심리백과 : 5~6세 편

초판 1쇄 2020년 6월 8일
초판 6쇄 2024년 10월 30일

지은이 | 신의진
발행인 | 강수진
편집 | 유소연 조예은
마케팅 | 이진희
디자인 | design co*kkiri
일러스트 | Annelies

주소 | (04075) 서울시 마포구 독막로 92 공감빌딩 6층
전화 | 마케팅 02-332-4804 편집 02-332-4809
팩스 | 02-332-4807
이메일 | mavenbook@naver.com
홈페이지 | www.mavenbook.co.kr
발행처 | 메이븐
출판등록 | 2017년 2월 1일 제2017-000064